AF460249

ARITHMÉTIQUE
ÉLÉMENTAIRE
A L'USAGE DES ÉCOLES,

PRINCIPALEMENT

Pour l'étude du Système décimal.

Première Partie.

PAR C. FERBER, INSTITUTEUR.

STRASBOURG,
Chez V.e LEVRAULT, libraire, rue des Juifs, n.° 33.
1840.

Strasbourg, imp. de V.e Berger-Levrault.

AVANT-PROPOS.

En faisant paraître la présente *Arithmétique élémentaire*, j'ai eu pour but principal de publier un livre propre à être mis entre les mains des enfants qui fréquentent les écoles primaires, et contenant, dans un cadre aussi restreint que possible, les notions indispensables sur l'arithmétique, afin de leur servir à se préparer eux-mêmes pour l'école, et plus tard, lorsqu'ils l'ont quittée, à répéter chez eux ce qu'ils y ont appris, et ce qu'ils ne sont que trop exposés à oublier.

Je me suis donc essentiellement attaché à énoncer les règles avec clarté et précision, et à en montrer avec soin l'application dans la pratique des opérations. Quant à l'explication des principes, j'ai cru devoir y apporter la plus grande simplicité possible, et éviter d'entrer dans des démonstrations au-dessus de la portée des intelligences auxquelles ce livre est destiné.

L'enseignement du *Système métrique décimal* devant, depuis le commencement de cette année, être l'objet de soins particuliers dans toutes les écoles de

France, j'ai jugé utile de donner, dans cette *première partie*, des développements un peu plus étendus sur tout ce qui a rapport à ce système et au *Calcul décimal* en général, en supprimant toute comparaison avec l'ancien système de mesures, poids et monnaies. Le point de vue sous lequel j'ai présenté le Système décimal dans son ensemble, me paraît le plus propre à donner aux enfants une idée juste et un aperçu général de ce système dans ses divers rapports, et c'est là le plus important, puisque les applications particulières en découlent alors d'elles-mêmes.

Il m'est donc permis d'espérer que cette *première partie* pourra répondre à un besoin du moment présent, et que les juges compétents ne lui refuseront pas leur approbation bienveillante.

La *seconde partie*, qui paraîtra plus tard, contiendra, dans un cadre également très-resserré, les notions les plus nécessaires pour la pratique journalière, sur la théorie des proportions, les règles de trois, d'intérêt, de société et d'alliage, ainsi que sur le calcul des surfaces et des volumes, l'arpentage pratique, etc.

Puisse cette modeste publication atteindre son but, et être de quelque utilité!

Strasbourg, juillet 1840.

ARITHMÉTIQUE ÉLÉMENTAIRE.

I. Des nombres, et de leurs propriétés en général.

1. On nomme *grandeur* ou *quantité*, tout ce qui peut être augmenté ou diminué.

2. L'*unité* indique un seul objet, et forme la base de tous les nombres.

3. Un *nombre* est un composé de plusieurs unités ou objets de même espèce réunis ensemble; il est d'autant plus grand qu'il en contient davantage. Ainsi *une* unité plus *une* autre unité en font *deux; deux* unités plus *une* autre unité en font *trois*, et ainsi de suite.

L'*unité* est donc une *quantité*, mais prise isolément elle ne forme pas un nombre, quoiqu'on dise souvent « le nombre *un*. »

4. On appelle *compter*, l'opération par laquelle on détermine le nombre d'unités que contient une *grandeur*, ou le nombre d'objets d'une même espèce qu'on possède ou qu'on suppose.

5. Un nombre est *abstrait* ou *concret*. Il est *abstrait* quand on le considère en lui-même, et qu'on l'énonce sans aucune indication d'espèce, comme deux, cinq, dix, cent.

Il est *concret*, quand on le considère en rapport avec des objets déterminés, et qu'on l'énonce en indiquant l'espèce des objets dont il est composé.

Les nombres concrets se composent de toutes espèces d'objets susceptibles d'être comptés, tels que les mesures, les poids, les monnaies, les temps, etc. L'*unité* consiste, pour ces nombres, en une grandeur adoptée, le plus souvent arbitrairement, et servant de terme de comparaison aux grandeurs de même espèce, telle que le *mètre*, le *gramme*, le *franc*, l'*année*, etc.; ainsi l'on dit: deux mètres, cinq grammes, dix francs, cent ans.

6. On appelle *mesurer*, l'opération au moyen de laquelle on détermine la grandeur inconnue d'un objet, par la grandeur connue d'une mesure.

On appelle *peser*, l'opération au moyen de laquelle on détermine la pesanteur inconnue d'un objet, par la pesanteur connue d'un poids; pour pouvoir la faire, il faut une balance ou un instrument équivalent.

7. L'*arithmétique* est la science qui s'occupe des nombres, qui enseigne à les énoncer et à les écrire, et qui fournit les règles d'après lesquelles on peut les modifier et les combiner pour en déduire d'autres, qui aient avec eux un rapport proposé.

On appelle *calculer*, l'opération qu'on leur fait subir d'après ces règles pour trouver des nombres inconnus au moyen de nombres connus.

8. Pour déterminer la *valeur* des objets, on se sert de *monnaies* ou espèces monnayées; pour connaître la valeur d'une somme d'argent, il faut *compter* les monnaies dont elle se compose; mais pour comparer la valeur connue en argent d'un objet avec la valeur inconnue d'un autre, il faut *calculer*.

9. Pour écrire les nombres, on se sert des dix caractères suivants :

1, 2, 3, 4, 5, 6, 7, 8, 9, 0,

qu'on nomme *chiffres*, et qui proviennent des Arabes. Les neuf premiers se nomment *chiffres significatifs;* le dernier, 0, n'a aucune valeur par lui-même, et ne sert qu'à remplir les places vacantes, afin de conserver aux autres chiffres leurs places relatives, ainsi qu'on le verra plus loin.

Numération des nombres entiers.

10. La *numération* consiste à énoncer par des mots et à écrire par des chiffres tous les nombres quelconques.

11. Outre la valeur que chaque chiffre a par lui-même, il en reçoit une autre *décuple*, de la place ou du rang qu'il occupe dans une rangée de chiffres, placés les uns à côté des autres, sur une même ligne horizontale, qu'on nomme *série;* de telle sorte, qu'en allant de la droite vers la gauche, chaque place exprime une valeur *dix fois plus grande* que celle qui la précède *immédiatement*.

12. La première place à droite indique que le chiffre qui s'y trouve exprime des unités simples, c'est-à-dire qu'il est censé pris *une fois*, et se nomme la place des *unités*. La seconde place vers la gauche indique que le chiffre qui s'y trouve exprime des unités décuples, c'est-à-dire qu'il est censé pris *dix fois*, et se nomme la place des *dizaines*. La troisième se nomme la place des *centaines*, la quatrième celle des *mille*, la cinquième celle des *dix-mille*, la sixième celle des *cent-mille*, la septième celle des *millions*, etc., puisque les chiffres qui s'y trouvent sont censés pris *cent fois*, *mille fois*, *dix-mille fois*, *cent-mille fois*, *un million de fois*, et ainsi de suite.

13. Si donc on doit écrire une unité simple, on pose 1; elle se trouve ainsi à la première place, puisqu'il n'y a point d'autres places à côté; si l'on doit écrire une unité décuple, on la pose à la seconde place et l'on remplit la première par un zéro, soit 10; si on doit l'écrire cent fois, mille fois, dix-mille fois et ainsi de suite, on la pose à la troisième, quatrième, cinquième place, et ainsi de suite, et l'on remplit les autres places par des zéros, soit 100, 1000, 10000, et ainsi de suite.

14. On a donné des noms particuliers aux dizaines; ainsi pour :

2 fois dix on dit *vingt*,		6 fois dix on dit *soixante*,	
3 » » »	*trente*,	7 » » »	*soixante-dix*,
4 » » »	*quarante*,	8 » » »	*quatre-vingts*,
5 » » »	*cinquante*,	9 » » »	*quatre-vingt-dix*,

de manière qu'en énonçant les dizaines jointes aux unités, on dit pour :

17,	soit 1	dizaine	et 7	unités	:	*dix-sept*,
23,	= 2	=	3	=	:	*vingt-trois*,
34,	= 3	=	4	=	:	*trente-quatre*,

et ainsi de suite.

L'usage a cependant introduit les irrégularités indiquées ci-après, dans la manière d'énoncer les dizaines jointes aux unités; ainsi l'on dit pour :

11,	soit dix-un,	*onze*,
12,	= dix-deux,	*douze*,
13,	= dix-trois,	*treize*,
14,	= dix-quatre,	*quatorze*,
15,	= dix-cinq,	*quinze*,
16,	= dix-six,	*seize;*

on dit de même, pour :

71,	soit soixante-dix-un :	*soixante-onze*,
72,	= soixante-dix-deux :	*soixante-douze*,
73,	= soixante-dix-trois :	*soixante-treize*, etc.;

et l'on dit encore, pour :

91,	soit quatre-vingt-dix-un :	*quatre-vingt-onze*,
92,	= quatre-vingt-dix-deux :	*quatre-vingt-douze*,
93,	= quatre-vingt-dix-trois :	*quatre-vingt-treize*.*

Ces irrégularités dans la manière d'énoncer les dizaines jointes aux unités, n'ont pas lieu seulement quand ces deux places se trouvent isolées, mais aussi quand elles sont réunies à d'autres places, dans une série de chiffres; ainsi pour :

---

* Une autre irrégularité, bien moins sensible, a lieu pour l'énonciation de 1 unité jointe aux dizaines, en ce qu'on dit pour :

21,	soit vingt-un :	*vingt et un*,
31,	= trente-un :	*trente et un*,
41,	= quarante-un :	*quarante et un*,

et ainsi de suite, jusqu'à *soixante et un* inclusivement; mais pour 81 on dit *quatre-vingt-un*.

213 on dit : *deux cent treize,*
476 » *quatre cent soixante-seize,*
7895 » *sept mille huit cent quatre-vingt-quinze.**

15. Pour lire un nombre écrit en chiffres et composé de plusieurs chiffres réunis en une série, on partage cette série en allant de la droite vers la gauche, en *classes* ou tranches de trois chiffres chacune, qu'on indique au moyen de virgules ou de points placés au-dessus des chiffres, entre le troisième et le quatrième, le sixième et le septième, le neuvième et le dixième, et ainsi de suite, jusqu'à ce qu'il ne reste à gauche que un, deux ou trois chiffres.

La première classe à droite est celle des *unités* simples, dont le nom ne s'énonce pas, étant toujours sous-entendu. La seconde classe est celle des *mille;* la troisième celle des *millions;* la quatrième celle des *billions;* la cinquième celle des *trillions;* les suivantes celles des *quatrillions*, *quintillions* et ainsi de suite.

Chaque classe, considérée en elle-même, est de nouveau composée, comme la première, d'unités, de dizaines et de centaines, qui, dans la seconde classe, sont des unités, dizaines et centaines de *mille;* dans la troisième, des

---

* Il convient de rappeler ici les règles établies pour l'orthographe des nombres *quatre-vingts*, *cent* et *mille*, écrits en toutes lettres. Ainsi le nombre *quatre-vingts* se termine par une *s* quand il n'est suivi d'aucun autre nombre, tandis qu'il perd cette *s* lorsqu'il y a des unités ou des dizaines à sa suite, comme 83, *quatre-vingt-trois*, 90, *quatre-vingt-dix*, 96 *quatre-vingt-seize.*

Le nombre *cent* prend une *s* dans la terminaison de ses multiples, lorsqu'ils ne sont suivis d'aucun autre nombre, comme 200, *deux cents;* 500, *cinq cents;* 1500, *quinze cents*, tandis que cette *s* se trouve supprimée lorsqu'il y a des unités ou des dizaines à leur suite, comme : 205, *deux cent cinq;* 510, *cinq cent dix;* 880, *huit cent quatre-vingts;* 1592, *quinze cent quatre-vingt-douze.*

Le nombre *mille* est indéclinable dans tous les cas quelconques; mais lorsqu'il exprime le chiffre d'une année (qu'on appelle *millésime*), on l'écrit *mil* quand il est suivi de centaines, comme pour 1840, on écrit l'an *mil huit cent quarante.*

unités, dizaines et centaines de *millions*, et ainsi de suite. On voit donc qu'il faut 1000 unités de chaque classe pour faire 1 unité de la classe suivante vers la gauche.

Lorsqu'une série de chiffres se trouve partagée en classes, comme il a été dit ci-dessus, on la lit en allant de gauche à droite, et en énonçant les classes les unes après les autres, selon l'ordre dans lequel elles se suivent; il suffit pour cela d'énoncer les chiffres de chaque classe, comme si elle se trouvait seule, par centaines, dizaines et unités, en ayant soin d'ajouter chaque fois le nom de la classe sans prononcer le mot *unités* qui est sous-entendu; mais lorsqu'une classe est composée de trois zéros, on supprime entièrement son nom dans la lecture. Ainsi pour lire :

Q. T. B. M. M. U.
3·479·000·857·061·682.

Je dis : trois quatrillions, quatre cent soixante-dix-neuf trillions (la classe des billions se trouvant composée de trois zéros, je ne la prononce pas), huit cent cinquante-sept millions, soixante-un mille, six cent quatre-vingt-deux.

16. Lorsqu'il s'agit d'énoncer seulement des unités de mille suivies de centaines, la même irrégularité signalée au §. 14, se reproduit, en ce que l'usage permet de dire, pour : 1100, soit mille cent : *onze cents*,

1200 = mille deux cents : *douze cents*,
1300 = mille trois cents : *treize cents*,

et ainsi de suite jusqu'à *seize cents*, de même que pour :

1700, soit mille sept cents : *dix-sept cents*,
1800 = mille huit cents : *dix-huit cents*,
1900 = mille neuf cents : *dix-neuf cents*;

mais ici l'irrégularité n'est que facultative et non pas obligatoire, comme pour les dizaines jointes aux unités; elle n'a d'ailleurs lieu que pour le chiffre 1, car on ne dit pas pour 2400 vingt-quatre cents, mais bien : *deux mille quatre cents*, etc.; il faut encore qu'aucun autre nombre ne précède les unités de mille, car pour 31200 on ne dit pas trente mille douze cents, mais bien *trente-un mille deux* cents; par contre il peut y avoir des dizaines et des unités à la suite des centaines, de façon que pour 1274, on dira : *douze cent soixante-quatorze.*

17. Pour *écrire* facilement et correctement en *chiffres* un nombre écrit en lettres ou énoncé en paroles, il est nécessaire de bien connaître le nom de toutes les classes dans leur ordre successif, tant de droite à gauche, que de gauche à droite. Il suffit alors d'aller de la gauche vers la droite, et de remplir toutes les places jusqu'à celle des unités simples, soit par des chiffres significatifs, soit par des zéros, selon l'indication donnée. Ainsi :

Pour écrire trente, je pose 3 dizaines et 0 unité, soit 30.

Pour écrire cinquante-huit, je pose 5 dizaines et 8 unités, soit 58.

Pour écrire trois cent six, je pose 3 centaines, 0 dizaine et 6 unités, soit 306.

Pour écrire huit mille trente-cinq, je pose 8 mille, 0 centaine, 3 dizaines et 5 unités, soit 8035.

Pour écrire deux cent six mille quarante, je pose 2 centaines de mille, 0 dizaine de mille, 6 unités de mille, 0 centaine, 4 dizaines et 0 unité simple, soit 206040.

18. Lorsqu'on a de cette manière acquis quelque pratique, on peut procéder plus promptement en écrivant par classes les nombres indiqués. Pour cela on fait attention au nom de la classe qui est énoncée la première, et qu'on écrit immédiatement; puis on pose à sa suite, de gauche à droite, et dans leur ordre respectif, les autres classes, à mesure qu'elles sont énoncées. On n'oublie pas que, chaque classe se composant de trois places, il faut remplir par un zéro chacune de ces places qui n'est pas nommée, et que, si une classe entière n'est pas énoncée, on doit la remplir par trois zéros. Par ex., pour écrire 49 quatrillions, 67 trillions, 8 millions, 317 mille, et 4, je pose d'abord les 49 quatrillions ; comme dans la classe des trillions il n'y a pas de centaines d'indiquées, je remplis leur place par un 0, puis je pose les 67 trillions; comme il n'y

a pas de billions d'indiqués, je remplis leur classe par trois zéros; comme dans la classe des millions il n'y a ni centaines ni dizaines d'indiquées, je remplis leurs places par deux zéros, puis je pose les 8 millions; les 317 mille formant une classe complète, je les pose tels qu'ils sont, et j'arrive enfin à la classe des unités, où il n'y a ni centaines, ni dizaines d'indiquées; je remplis donc encore leurs places par deux zéros, et je pose les 4 unités, de façon que j'ai :

Q. T. B. M. M. U.
49·067·000·008·317·004.

19. Ces divers exemples contiennent l'application de ce qui a été dit plus haut (§. 9), que le zéro n'a pas de valeur par lui-même, et qu'il ne sert qu'à remplir les places vacantes dans une série de chiffres. Si, dans le dernier exemple ci-dessus, les trois zéros ne se trouvaient pas dans la classe des billions, cette classe manquerait entièrement, et les chiffres qui se trouvent vers la gauche perdraient de leur véritable valeur, puisque les trillions seraient seulement des billions, et les quatrillions des trillions.

Observation. Pour partager une série de chiffres en classes, il est important de placer les points ou les virgules qu'on emploie à cet effet *au-dessus des chiffres*, et non sur leur ligne; car dans ce dernier cas on pourrait confondre ces indications avec la virgule ou le point dont on se sert pour indiquer la place des unités dans les nombres décimaux (voyez §. 62), ce qui produirait de la confusion dans les idées, indépendamment des graves erreurs de calcul qui pourraient en résulter.

Exemples sur la numération écrite.

1) Douze mille dix-sept.
2) Quarante-trois mille sept cent seize.
3) Sept cent mille vingt-un.
4) Quarante-un millions, trois mille vingt-quatre.
5) Quatre cent neuf millions et seize.
6) 16 billions quatre cents millions et 27 mille.
7) 715 billions, cent mille un.

8) 47 trillions, cent millions, soixante-dix mille.
9) 91 quatrillions, 17 millions, dix mille 24.
10) 7 quatrillions, 4 billions, 5 millions, 3 mille et 5.

II. De la modification des nombres.

20. Les nombres peuvent être modifiés de *deux* manières, c'est-à-dire, qu'on peut les rendre *plus grands* ou *plus petits*, soit les *augmenter* ou les *diminuer*. L'*augmentation* peut se faire de deux manières, soit par l'*addition*, soit par la *multiplication*, et la *diminution* aussi de deux manières, soit par la *soustraction*, soit par la *division*. Ces quatre opérations forment les opérations principales de l'arithmétique, et rigoureusement parlant, elles se réduisent même à deux, la multiplication n'étant au fond qu'une addition répétée, et la division une soustraction répétée, ainsi qu'on le verra plus loin (§§. 34 et 47).

Addition des nombres entiers.

21. L'*addition* consiste à ajouter plusieurs nombres pour en former un seul, qu'on appelle la *somme* ou le *total*.

22. Les nombres qu'on veut additionner doivent être de la même espèce. Ainsi, lorsqu'il s'agit de nombres abstraits, on ne peut ajouter que des unités à des unités, des dizaines à des dizaines, des centaines à des centaines, etc. Lorsqu'il s'agit de nombres concrets, il faut encore que les objets dont ils portent le nom soient de la même espèce, et l'on ne peut ajouter que des mètres à des mètres, des francs à des francs, etc. Il résulte de là que la somme est toujours de la même espèce que les nombres qui ont concouru à la former.

23. On obtient toujours la même somme, quel que soit l'ordre dans lequel on additionne les nombres; ainsi, 6 et 7 font 13, comme 7 et 6; 4 et 5 et 6 font 15, comme 5 et 4 et 6, ou 6 et 4 et 5.

24. Le signe de l'addition est une croix verticale (+), qui signifie *plus* ou *et*. Le signe de l'égalité est =, qui

signifie *égal à*, *fait*, ou *font*. Ainsi, 4 + 7 + 9 = 20 veut dire 4 plus 7 plus 9 est égal à 20, ou 4 et 7 et 9 font 20.

25. Pour additionner facilement, il faut savoir ajouter promptement les neuf chiffres significatifs deux à deux, et pour y parvenir il est nécessaire d'étudier la table ci-après, jusqu'à ce qu'on puisse faire toutes les additions qu'elle contient, sans hésiter, et presque sans y penser.

Table d'addition.

1	et	1	font	2	4	et	1	font	5	7	et	1	font	8
1	—	2	—	3	4	—	2	—	6	7	—	2	—	9
1	—	3	—	4	4	—	3	—	7	7	—	3	—	10
1	—	4	—	5	4	—	4	—	8	7	—	4	—	11
1	—	5	—	6	4	—	5	—	9	7	—	5	—	12
1	—	6	—	7	4	—	6	—	10	7	—	6	—	13
1	—	7	—	8	4	—	7	—	11	7	—	7	—	14
1	—	8	—	9	4	—	8	—	12	7	—	8	—	15
1	—	9	—	10	4	—	9	—	13	7	—	9	—	16
2	et	1	font	3	5	et	1	font	6	8	et	1	font	9
2	—	2	—	4	5	—	2	—	7	8	—	2	—	10
2	—	3	—	5	5	—	3	—	8	8	—	3	—	11
2	—	4	—	6	5	—	4	—	9	8	—	4	—	12
2	—	5	—	7	5	—	5	—	10	8	—	5	—	13
2	—	6	—	8	5	—	6	—	11	8	—	6	—	14
2	—	7	—	9	5	—	7	—	12	8	—	7	—	15
2	—	8	—	10	5	—	8	—	13	8	—	8	—	16
2	—	9	—	11	5	—	9	—	14	8	—	9	—	17
3	et	1	font	4	6	et	1	font	7	9	et	1	font	10
3	—	2	—	5	6	—	2	—	8	9	—	2	—	11
3	—	3	—	6	6	—	3	—	9	9	—	3	—	12
3	—	4	—	7	6	—	4	—	10	9	—	4	—	13
3	—	5	—	8	6	—	5	—	11	9	—	5	—	14
3	—	6	—	9	6	—	6	—	12	9	—	6	—	15
3	—	7	—	10	6	—	7	—	13	9	—	7	—	16
3	—	8	—	11	6	—	8	—	14	9	—	8	—	17
3	—	9	—	12	6	—	9	—	15	9	—	9	—	18

Cette table est suffisante pour tous les cas possibles, puisqu'on commence toujours par ajouter les *unités seules*. Ainsi, en voyant que 6 et 7 font 13, je trouve facilement que 26 et 7 font 33, car je commence par ajouter seulement 6 et 7, qui font 13, soit 3 unités et 1 dizaine, que j'ajoute ensuite de mémoire aux 2 dizaines contenues dans le nombre 26, ce qui fait 3 dizaines; j'ai donc en tout 3 dizaines et 3 unités, soit les 33 ci-dessus.

26. Pour faire une addition, on écrit les nombres dont elle doit se composer, les uns sous les autres, de manière que les places correspondantes se trouvent dans une même colonne verticale, c'est-à-dire, les unités sous les unités, les dizaines sous les dizaines, et ainsi de suite. On tire au-dessous une ligne horizontale, sous laquelle on place la somme à mesure qu'on la trouve, et l'on additionne successivement les chiffres de toutes les colonnes, soit en montant, soit en descendant (§. 23), en commençant à droite par la colonne des unités. Si la somme n'excède pas 9, on l'écrit sous cette colonne; mais si elle dépasse 9, elle contient une ou plusieurs dizaines, avec ou sans unités, et dans ce cas on ne pose que le chiffre des unités, ou un 0 s'il n'y en a point, et l'on retient les dizaines pour les ajouter à la seconde colonne, soit celle des dizaines. On continue de même jusqu'à la dernière colonne vers la gauche, sous laquelle on pose la somme telle qu'on la trouve. Par exemple, soit à additionner 87142 + 71087 + 90478.

87142
71087
90478
248707

Je dis : 8 unités + 7 = 15 + 2 = 17, soit 7 unités et 1 dizaine; je pose les 7 unités sous la colonne des unités, et j'ajoute la dizaine à la colonne des dizaines, en disant : 1 de retenue + 7 = 8 + 8 = 16 + 4 = 20, soit précisément 2 centaines sans dizaines; je pose donc un zéro sous les dizaines, et j'ajoute les 2 centaines à la colonne des centaines, en disant : 2 de retenue + 4 = 6 + 1 = 7, que je pose dessous; je passe à la colonne des mille en disant : 1 + 7 = 8, que je pose dessous, et j'arrive à la colonne des dix-mille en disant : 9 + 7 = 16 + 8 = 24, que je pose tels qu'ils sont. La somme des trois nombres ci-dessus est donc : 248707.

27. La *preuve* d'une opération est une seconde opéra-

tion, différente de la première, qu'on fait pour en constater l'exactitude. Pour vérifier une addition, on la recommence, mais en sens inverse, c'est-à-dire, que si la première fois on l'a faite en montant, on la fait alors en descendant (§. 23), ce qui doit produire le même résultat; s'il en était autrement, on aurait commis quelque faute, soit la première, soit la seconde fois, et il faudrait recommencer encore.

Observation. Il serait néanmoins possible, à la rigueur, que dans l'une et l'autre opération le résultat trouvé fût le même, sans qu'il soit juste, puisqu'il suffirait pour cela que la même erreur eût été commise dans les deux opérations, ce qui cependant n'est que très-peu probable. Cette observation s'applique à toutes les *preuves* d'opérations dont il sera parlé plus tard.

Exemples sur l'addition.

1)	2)	3)	4)
83479	76438	94632	84673
6346	93589	836478	94765
73875	7647	9764	12488
9746	895	965	96786

5) 83679 + 647 + 9845274 + 7634.

6) 78391 + 6493 + 1234 + 83729 + 75931.

7) 860420 + 79 + 53201 + 7895 + 7642 + 84567.

8) Quelqu'un reçoit au mois de mai 7345 fr., au mois de juin 91745 fr., au mois de juillet 19780 fr., et au mois d'août 45796 fr.; combien a-t-il reçu en tout?

9) Quelqu'un dépense en janvier 3765 fr., en février 17947 fr., en mars 987 fr., et en avril 8314 fr.; combien a-t-il dépensé en tout?

10) La France a 33566000 habitants, l'Espagne 14744000, le Portugal 3884000, l'Angleterre 24840900, la Russie 58973000, la Prusse 13096000, et l'Autriche 33425000; combien ces pays ont-ils ensemble d'habitants?

11) Un homme, né en 1784, a vécu 49 ans; en quelle année est-il mort?

12) Napoléon est mort à l'âge de 52 ans; il était né en 1769; en quelle année est-il mort?

23) Un jeune homme est né en 1784; arrivé à l'âge de 19 ans, il fait une absence de 7 années; en quelle année est-il rentré chez lui ?

24) Un voyageur a déjà parcouru 93 myriamètres; il lui en reste à parcourir 79; combien de chemin aura-t-il fait en tout ?

25) Si la comète de 1811 fait sa révolution en 3300 années, quelle année devra-t-elle reparaître ?

Soustraction des nombres entiers.

28. La *soustraction* consiste à retrancher un nombre d'un autre nombre, pour trouver de combien l'un est plus grand ou plus petit que l'autre; le résultat de cette opération se nomme le *reste*, la *différence* ou l'*excédant*.

La table d'addition (§. 25) sert également pour faire la soustraction, puisqu'elle indique la somme des neuf chiffres significatifs pris deux à deux, et qu'en retranchant chaque fois de cette somme l'un des chiffres qui ont concouru à la former, il est évident qu'on doit retrouver l'autre pour reste. Ainsi, pour retrancher 4 de 12, je cherche dans cette table le chiffre qui, ajouté à 4, produit 12; ce chiffre est 8; donc, en retranchant 4 de 12, il reste 8.

29. La différence de deux nombres reste toujours la même, soit qu'on ajoute à chacun ou qu'on retranche de chacun des deux un même nombre quelconque. Ainsi, la différence entre 12 et 8 est 4; en ajoutant à 12 et à 8 le nombre 7, je trouve 19 et 15, dont la différence est également 4; ou en retranchant de 12 et de 8 le nombre 3, je trouve 9 et 5, dont la différence est encore 4.

30. Pour pouvoir retrancher un nombre d'un autre, il faut que ces deux nombres soient de la même espèce, de même qu'il a été dit pour l'addition (§. 22). Ainsi, lorsqu'il s'agit de nombres abstraits, on ne peut retrancher que les unités des unités, les dizaines des dizaines, etc. Et lorsqu'il est question de nombres concrets, on ne peut retrancher que les mètres des mètres, les francs des francs, etc.

31. Le signe de la soustraction est un trait horizontal (—), qui signifie *moins;* 17 — 4 = 13, veut dire, 17 moins 4 est égal à 13, ou 4 ôté de 17, reste 13.

32. Pour faire une soustraction, on écrit d'abord le plus grand nombre; puis on pose au-dessous le plus petit, de manière que les places correspondantes se trouvent verticalement les unes sous les autres, c'est-à-dire, les unités sous les unités, les dizaines sous les dizaines, etc., et l'on tire une ligne horizontale sous le dernier nombre. On retranche alors successivement tous les chiffres du plus petit nombre de ceux qui se trouvent au-dessus d'eux dans le plus grand, en commençant à droite par la place des unités, et l'on pose sous la ligne, à la place correspondante, le reste trouvé chaque fois, ou 0 quand il ne reste rien. Par ex., soit 3465 à retrancher de 9876.

9876	Je dis 5 unités ôtées de 6, il en reste 1; 6 di-
3465	zaines ôtées de 7, il en reste 1; 4 centaines ôtées
6411	de 8, il en reste 4; 3 mille ôtés de 9 mille, il

en reste 6. Donc la différence de ces deux nombres est 6411.

Lorsque le chiffre inférieur est plus grand que le chiffre supérieur, on ne peut pas l'en retrancher, à moins d'un procédé auxiliaire, qui consiste à ajouter 10 au chiffre supérieur, sauf à ajouter ensuite 1 au chiffre inférieur, qui se trouve à la place suivante vers la gauche, puisque la valeur de cette place est dix fois plus grande (§. 11), et que de cette manière on ajoute aux deux nombres la même quantité, ce qui ne change pas leur différence (§. 29). Par ex.,

Soit 4718 à retrancher de 7341.

7341	Ne pouvant ôter 8 unités de 1 unité, j'ajoute 10
4718	unités à cette dernière, faisant 11, et je dis;
2623	8 ôté de 11 reste 3; ayant ajouté 10 unités au

nombre supérieur, il faut que j'en ajoute autant au

nombre inférieur, afin que la différence reste la même ; mais comme 10 unités font une dizaine, je retiens 1 dizaine pour l'ajouter à la dizaine qui se trouve dans ce dernier nombre, en disant : 1 dizaine de retenue et 1 font 2, ôtés de 4 reste 2 ; ne pouvant ôter 7 centaines de 3 centaines, j'en agis de même en y ajoutant 10 centaines, faisant ensemble 13 ; 7 ôté de 13 reste 6, et 10 centaines faisant 1 mille, je retiens ce mille pour l'ajouter aux 4 mille du nombre inférieur, en disant : 1 de retenue et 4 font 5, ôtés de 7 reste 2. Il reste donc 2623.

Soit 36421 à retrancher de 70000.

70000
36421
33579

Je dis de suite : 1 unité de 10 reste 9 ; 1 dizaine de retenue et 2 font 3, de 10 reste 7 ; 1 centaine de retenue et 4 font 5, de 10 reste 5 ; 1 mille de retenue et 6 font 7, de 10 reste 3 ; 1 dix-mille de retenue et 3 font 4, de 7 reste 3. Par là j'ai toujours ajouté 10 au chiffre supérieur, et 1 au chiffre inférieur suivant vers la gauche, ce qui est équivalent, chaque place exprimant dix fois la valeur de celle immédiatement précédente à droite.

33. Pour faire la preuve de la soustraction on ajoute la différence au plus petit nombre ; si l'opération est exacte, la somme devra nécessairement être égale au plus grand nombre.

On peut aussi retrancher la différence du plus grand nombre, et dans ce cas on doit retrouver le plus petit nombre.

Exemples sur la soustraction.

1) 379487 à retrancher de 901424, combien reste-t-il ?

2) 7467893 à retrancher de 84110002, combien reste-t-il ?

3) 48710271 à retrancher de 91645013, combien reste-t-il ?

4) 9876541 à retrancher de 10001201, combien reste-t-il ?

5) Quelle est la différence entre 73641 et 58207 ?

6) Quel est l'excédant de 198371 sur 99871?

7) 74637 — 43528, combien reste-t-il?

8) 1233210 — 819745, combien reste-t-il?

9) Quelqu'un reçoit au mois d'octobre 74063 fr., et dépense au mois de novembre 69784 fr., combien lui reste-t-il en caisse?

10) La France a 33566000 habitants, la Russie en a 58973000; combien la Russie en a-t-elle de plus que la France?

11) La boussole a été inventée en l'année 1200; com-bien d'années y a-t-il d'écoulées en 1840?

12) La première pierre fondamentale de la cathédrale de Strasbourg a été posée en l'an 1015; combien d'années se sont écoulées jusqu'en 1839?

13) Les moulins à vent et le papier de coton ont été inventés en l'an 622; combien y a-t-il d'années d'écoulées en 1840?

14) En 1839 il y avait 739 ans qu'on avait inventé en France les horloges à rouages; en quelle année ont-elles été inventées?

15) En 1840 il y avait 526 ans depuis la première fabrication du papier de chiffons; en quelle année a-t-elle eu lieu?

16) En 1436 Jean Gutenberg fit à Strasbourg la première invention de l'imprimerie; combien d'années y a-t-il en 1840?

17) En 1839 il y avait 386 ans qu'on avait imprimé la première Bible; en quelle année a-t-elle été imprimée?

18) En 1830 il y avait 244 ans que l'Anglais François Drake avait apporté les premières pommes de terre d'Amérique en Europe; en quelle année était-ce?

19) Un homme mort en 1835 avait atteint sa 76.e année; en quelle année était-il né?

20) Un homme né en 1748 est mort en 1836; quel âge avait-il?

Multiplication des nombres entiers.

34. La *multiplication* consiste à ajouter un nombre autant de fois à lui-même, à le rendre autant de fois plus grand, ou à le prendre autant de fois qu'un autre nombre contient d'unités. Ainsi, multiplier 7 par 6 veut dire : ajouter 7 six fois à lui-même, ou rendre 7 six fois plus grand ; prendre un nombre 2, 3, 4 fois, etc., s'appelle le multiplier par 2, 3, 4, etc. La multiplication n'est donc au fond qu'une addition répétée et abrégée (§. 20), puisqu'au lieu de dire : $7 + 7 + 7 + 7 + 7 + 7 = 42$, on dit ici de suite : 6 fois 7 font 42.

35. Le nombre qui doit être multiplié se nomme le *multiplicande ;* celui par lequel il doit être multiplié se nomme le *multiplicateur ;* le nombre résultant d'une multiplication se nomme le *produit;* le multiplicande et le multiplicateur sont les *facteurs* du produit, parce qu'ils concourent à le *faire.*

36. Le signe de la multiplication est une croix oblique ($\times$) ou un point (.), qui signifie *multiplié par* ou *fois ;* ainsi, $7 \times 6 = 42$ ou $7 . 6 = 42$ veut dire 7 multiplié par 6 ou 6 fois 7 font 42.

37. Dans chaque multiplication on peut renverser l'ordre des facteurs, c'est-à-dire, prendre le multiplicande pour multiplicateur, et le multiplicateur pour multiplicande, sans changer le produit. Ainsi : $6 \times 3 = 3 \times 6 = 18$, ou $7 \times 3 \times 4 = 3 \times 4 \times 7 = 84$, etc. Pour en donner la démonstration, il suffit, pour le premier de ces exemples, de placer les unes sous les autres, 3 rangées contenant chacune 6 unités, soit :

1 1 1 1 1 1
1 1 1 1 1 1
1 1 1 1 1 1

On voit par là qu'en prenant 3 fois ces 6 unités, on a pour produit 18 unités; si, au contraire, on prend la figure dans l'autre sens, on trouve qu'elle contient 6 colonnes verticales, chacune composée de 3 unités, et produisant également les 18. Cela prouve d'une manière évidente que le produit de 6, multiplié par 3, est absolument le même que celui de 3 multiplié par 6, et cette preuve s'applique à tous les cas.

38. Le *produit* est toujours de la même espèce que le *multiplicande*, puisque la multiplication n'est qu'une addition abrégée, et que la somme de chaque addition est de la même espèce que les nombres qui ont concouru à la former (§. 22). Le *multiplicateur* est toujours un nombre *abstrait*, puisqu'il indique *combien de fois* le multiplicande doit être ajouté à lui-même.

Table de multiplication.

1	fois	1	fait	1	4	fois	1	font	4	7	fois	1	font	7
1	—	2	—	2	4	—	2	—	8	7	—	2	—	14
1	—	3	—	3	4	—	3	—	12	7	—	3	—	21
1	—	4	—	4	4	—	4	—	16	7	—	4	—	28
1	—	5	—	5	4	—	5	—	20	7	—	5	—	35
1	—	6	—	6	4	—	6	—	24	7	—	6	—	42
1	—	7	—	7	4	—	7	—	28	7	—	7	—	49
1	—	8	—	8	4	—	8	—	32	7	—	8	—	56
1	—	9	—	9	4	—	9	—	36	7	—	9	—	63
2	fois	1	font	2	5	fois	1	font	5	8	fois	1	font	8
2	—	2	—	4	5	—	2	—	10	8	—	2	—	16
2	—	3	—	6	5	—	3	—	15	8	—	3	—	24
2	—	4	—	8	5	—	4	—	20	8	—	4	—	32
2	—	5	—	10	5	—	5	—	25	8	—	5	—	40
2	—	6	—	12	5	—	6	—	30	8	—	6	—	48
2	—	7	—	14	5	—	7	—	35	8	—	7	—	56
2	—	8	—	16	5	—	8	—	40	8	—	8	—	64
2	—	9	—	18	5	—	9	—	45	8	—	9	—	72
3	fois	1	font	3	6	fois	1	font	6	9	fois	1	font	9
3	—	2	—	6	6	—	2	—	12	9	—	2	—	18
3	—	3	—	9	6	—	3	—	18	9	—	3	—	27
3	—	4	—	12	6	—	4	—	24	9	—	4	—	36
3	—	5	—	15	6	—	5	—	30	9	—	5	—	45
3	—	6	—	18	6	—	6	—	36	9	—	6	—	54
3	—	7	—	21	6	—	7	—	42	9	—	7	—	63
3	—	8	—	24	6	—	8	—	48	9	—	8	—	72
3	—	9	—	27	6	—	9	—	54	9	—	9	—	81

30. Pour faire une multiplication, il faut savoir les produits de tous les neuf chiffres significatifs multipliés l'un par l'autre, et pour y parvenir, il est nécessaire d'étudier la table qui précède, vulgairement nommée le *livret*, jusqu'à ce qu'on puisse faire, sans hésitation, toutes les multiplications qu'elle contient.

Cette table est suffisante pour tous les cas possibles, puisque dans les plus grandes multiplications on ne multiplie jamais à la fois qu'*un seul* chiffre par *un autre* chiffre.

On peut aussi donner à cette table la forme ci-après, sous laquelle on la nomme *table de Pythagore*, d'après le nom d'un mathématicien grec, par qui elle a été inventée.

Table de Pythagore.

1	2	3	4	5	6	7	8	9
2	4	6	8	10	12	14	16	18
3	6	9	12	15	18	21	24	27
4	8	12	16	20	24	28	32	36
5	10	15	20	25	30	35	40	45
6	12	18	24	30	36	42	48	54
7	14	21	28	35	42	49	56	63
8	16	24	32	40	48	56	64	72
9	18	27	36	45	54	63	72	81

Dans cette table le produit de deux chiffres se trouve à la rencontre de la colonne verticale et de la colonne horizontale, qui commencent par ces chiffres.

Ainsi, pour trouver le produit de 6 × 7, je cherche le chiffre 6 dans la première colonne verticale, et le chiffre 7 dans la première colonne horizontale ou réciproquement, et je trouve, dans l'un ou l'autre cas, à la rencontre de ces deux colonnes le nombre 42, qui est bien le produit cherché, ainsi qu'on le voit par la table précédente.

40. Pour multiplier un nombre composé de plusieurs chiffres par un nombre d'un seul chiffre, on écrit le multiplicande, on pose le multiplicateur sous les unités du multiplicande, et l'on tire au-dessous une ligne horizontale. On multiplie alors successivement tous les chiffres du multiplicande par le multiplicateur, en commençant à droite par les unités, et continuant par les dizaines, les centaines, etc., jusqu'au dernier chiffre vers la gauche; on pose chaque fois le produit sous la ligne, au-dessous de la place correspondante du multiplicande, si ce produit n'excède pas 9; si, au contraire, il dépasse 9, il contient une ou plusieurs dizaines, avec ou sans unités, et dans ce cas on ne pose que ces unités, ou un 0 s'il n'y en a point, en retenant les dizaines pour les ajouter au produit suivant; on en agit alors de même de ce produit et de tous les autres jusqu'au dernier vers la gauche, qu'on pose tel qu'on le trouve. Par ex. :

Soit 876 à multiplier par 4.

876	multiplicande,
4	multiplicateur,
3504	produit.

Je dis : 4 fois 6 unités font 24 unités, soit 2 dizaines et 4 unités; je pose ces 4 unités, en retenant les 2 dizaines, et je dis : 4 fois 7 dizaines font 28, et 2 de retenue font ensemble 30 dizaines, soit précisément 3 centaines et point de dizaines; je pose donc un zéro à la place des dizaines, en retenant les 3 centaines, et je dis : 4 fois 8 centaines font 32, et 3 de retenue font 35 centaines, que je pose telles qu'elles sont, puisqu'il n'y a plus d'autres chiffres à multiplier. Le produit de la multiplication est donc 3604.

41. Lorsque le multiplicande et le multiplicateur sont composés de plusieurs chiffres, on écrit le multiplicande, puis au-dessous on pose le multiplicateur, de manière que les places correspondantes se trouvent les unes sous les autres, c'est-à-dire, les unités sous les unités, les dizaines sous les dizaines, et ainsi de suite, et l'on souligne le multiplicateur comme ci-dessus (§. 40). On multiplie alors tout le multiplicande, successivement par tous les chiffres du multiplicateur, en commençant par sa droite, ainsi, d'abord par les unités, puis par les dizaines, les centaines, etc., jusqu'au dernier chiffre. On écrit le produit de la multiplication par les unités, comme il a été dit ci-dessus (§. 40), et l'on pose au-dessous les produits partiels des multiplications suivantes, en ayant soin d'observer que le premier chiffre à la droite de chacun de ces produits doit se trouver chaque fois sous la place du chiffre du multiplicateur par lequel on a multiplié, puisque les unités du multiplicande, multipliées par les dizaines du multiplicateur, produisent des dizaines, les unités par les centaines des centaines, et ainsi de suite. Cela fait, on souligne les produits partiels, et on les additionne; leur somme exprime alors le produit total de la multiplication. Par exemple :

Soit 7403 à multiplier par 589.

```
   7403
    589
  -----
  66627
 59224
37015
-------
4360367
```

Je commence par multiplier tout le multiplicande par les 9 unités du multiplicateur, produisant 66627 unités, que je pose sous les places correspondantes du multiplicande; puis je multiplie tout le multiplicande par les 8 dizaines du multiplicateur, produisant 59224, qui sont des dizaines, et que je dois donc avancer d'une place vers la gauche, en posant le premier chiffre à leur droite, 4, sous les dizaines du multiplicateur; ensuite je multiplie tout le multiplicande par les 5 centaines du multiplicateur, produisant 37015, qui sont des centaines, et que je pose donc de manière que le premier chiffre à leur droite, 5, se trouve sous les centaines du multiplicateur. Cela fait, je souligne ces produits partiels pour les additionner, leur somme 4360367 exprime le produit total de la multiplication.

42. On voit que, s'il se trouve des zéros entre les chiffres du *multiplicande*, ils ne donnent aucun produit, et qu'on pose donc seulement dans ce cas ce qu'on avait retenu sur le produit du chiffre précédent, ou un zéro si l'on n'avait rien retenu, afin de remplir la place.

Si, au contraire, il se trouve des zéros entre les chiffres du *multiplicateur*, qui ne donneraient également aucun produit, on les passe entièrement, et l'on multiplie par le chiffre significatif suivant, en posant le produit de manière que son premier chiffre à droite se trouve sous le chiffre par lequel on a multiplié. Par ex.:

Soit 873423 à multiplier par par 601005.

```
      873423
      601005
      ------
     4367115
   873423
5240538
------------
524931590115
```

Je commence par multiplier le multiplicande par le chiffre 5, produisant 4367115; puis je passe de suite au chiffre 1, donnant pour produit le multiplicande tel qu'il se trouve; mais comme j'ai multiplié par 1 mille, le produit vaut mille fois le multiplicande, et je pose donc le premier chiffre à sa droite, 3, sous la place des mille, soit sous le chiffre 1 par lequel j'ai multiplié; je passe encore de suite au chiffre 6, donnant pour produit 5240538, qui sont des cent-mille, et que je pose de manière que le premier chiffre à leur droite, 8, se trouve sous la place des cent-mille, soit sous le chiffre 6 par lequel j'ai multiplié.

Après avoir additionné ces produits partiels, je trouve donc 524931590115 pour produit total.

43. Si le multiplicande, ou le multiplicateur, ou tous les deux, se terminent à leur droite par des zéros, on ne multiplie que les chiffres significatifs, et l'on ajoute à la droite du produit total autant de zéros qu'il s'en trouvait à la droite de l'un ou de l'autre facteur, ou des deux ensemble. Pour la commodité de l'opération, on place aussi le premier chiffre significatif à la droite du multiplicateur, sous le premier chiffre significatif à la droite du multiplicande.

Pour comprendre le motif de ce procédé, il suffira de comparer les produits de la multiplication de 600 par 4 et de 6 par 4 faite en forme d'addition, soit :

$$4 \text{ fois} \begin{cases} 600 \\ 600 \\ 600 \\ 600 \end{cases} \qquad 4 \text{ fois} \begin{cases} 6 \\ 6 \\ 6 \\ 6 \end{cases}$$

$$\overline{2400} \qquad\qquad \overline{24}$$

On voit de suite que les produits de ces deux multiplications ne diffèrent que par les deux zéros qui se trouvent à la droite de la première, et qu'il suffit donc de placer ces zéros à la droite de ce produit après la multiplication faite. Il en serait de même si l'on avait à multiplier par 40, puisque 40 fois 6 produisent 240, et que 40 fois 600 produiraient donc 24000, ce qui revient à ajouter un zéro à la droite de chacun des deux produits ci-dessus. Par exemple, soit à multiplier 4600 par 760.

```
   4600
    760
   ----
    276
   322
   -------
3496000
```

Je pose les 6 dizaines du multiplicateur sous les 6 centaines du multiplicande, et j'opère comme si j'avais à multiplier 46 par 76, donnant 3496 pour produit; j'ajoute alors à sa droite trois zéros, c'est-à-dire autant qu'il y en a à la droite des deux facteurs, et je trouve donc 3496000.

44. Si le multiplicateur se compose seulement du chiffre 1, ayant un ou plusieurs zéros à sa droite, il suffit, pour

effectuer la multiplication, d'ajouter le même nombre de zéros à la droite du multiplicande. Ainsi :

$$764 \times 1000 = 764000.$$

Je vois, en effet, que les 4 unités du multiplicande sont devenues par là 4 mille, les 6 dizaines 6 dix-mille, et les 7 centaines 7 cent-mille, et que le nombre 764 a donc réellement été multiplié par 1000, puisqu'il est devenu mille fois plus grand.

45. La preuve de la multiplication se fait en renversant l'ordre des facteurs, c'est-à-dire, en prenant le multiplicateur pour multiplicande, et le multiplicande pour multiplicateur, et en faisant de la sorte une nouvelle multiplication, dont le produit devra être égal à celui de la première, autrement l'on aurait commis quelque erreur dans l'une ou dans l'autre (§. 37). On peut encore faire cette preuve d'une autre manière, dont il sera parlé plus tard (§. 57).

Exemples sur la multiplication.

1) 375924	2) 248605	3) 907004	4) 764329
23	45	67	89

5) 37954×203.
6) 718379×4005.
7) 3928076×6700.
8) 74900×83000.
9) 9786×1000.
10) 328940×3000.

11) L'hectolitre de froment coûtant 24 francs, combien de francs coûteront 487 hectolitres ?

Observation. Si 1 hectolitre coûte 24 francs, 487 hectolitres coûteront 487 fois 24 francs; on devrait donc multiplier 24 fr. par 487, mais comme il est plus commode et plus court de multiplier 487 par 24, on procède de cette dernière manière et l'on obtient le même résultat (§. 37).

12) Si un kilogramme de café coûte 36 décimes, combien de décimes coûteront 379 kilogrammes ?

13) Si un hectolitre de vin coûte 39 francs, combien de francs coûteront 97 hectolitres ?

14) Un jour ayant 24 heures, et 1 heure 60 minutes, combien un jour a-t-il de minutes ?

15) Une minute a 60 secondes (le pouls bat environ une fois par seconde); le son parcourt 340 mètres par seconde. Si, entre un éclair et le bruit du tonnerre, on a compté 8 secondes, de combien de mètres est-on éloigné du nuage orageux d'où est parti le coup?

16) Un champ planté de tabac a 16 rangées en largeur, et chaque rangée contient 347 plants; combien y a-t-il de plants en tout?

17) Un toit carré, à 2 faces, a sur chaque face 24 rangées de tuiles, dont chacune contient 97 tuiles; combien y a-t-il de tuiles sur chaque face, et combien sur les deux faces prises ensemble?

18) Un père de famille met pour son enfant 3 francs par semaine dans une caisse d'épargne, combien de francs cela fera-t-il en 19 ans, sans intérêts, l'année ayant 52 semaines?

19) Une maison a 48 fenêtres, dont chacune a 8 carreaux de vitre, et chaque carreau coûté 8 décimes; combien de décimes coûteront tous les carreaux ensemble?

20) Un champ planté de choux a 16 rangées en largeur, et dans chaque rangée il y a 197 têtes de choux; combien de têtes cela fait-il en tout, et si l'une d'elles vaut 8 centimes, combien de centimes vaudront-elles ensemble?

Division des nombres entiers.

40. La *division* consiste à chercher combien de fois un nombre est contenu dans un autre nombre, ou aussi à partager un nombre en autant de parties égales qu'un autre contient d'unités. Ainsi, diviser un nombre quelconque par 2, 3, 4, etc., veut dire : prendre la 2.ᵉ, 3.ᵉ, 4.ᵉ partie, etc., de ce nombre.

Le nombre qui doit en contenir un autre, ou être partagé, se nomme le *dividende;* celui qui doit être contenu dans le dividende, ou qui indique en combien de parties ce dernier doit être partagé, se nomme le *diviseur;*

le nombre résultant de la division se nomme le *quotient*.

On peut donc dire aussi que le *dividende* est le produit de la multiplication du *diviseur* par le *quotient*, puisque ce dernier indique combien de fois le diviseur est contenu dans le dividende.

47. Pour faire une division on se sert également de la table de multiplication, car, lorsqu'on connaît par son moyen le produit de deux chiffres, et qu'on le divise de nouveau par l'un des deux, on trouve nécessairement l'autre pour quotient. Ainsi, pour savoir combien de fois 7 est contenu en 42, je cherche ce nombre dans les produits du chiffre 7, et je trouve que $42 = 7 \times 6$; donc 7 y est contenu exactement 6 fois, ou 42, divisé par 7, donne 6 pour quotient, sans reste.

Mais, si le nombre à diviser ne forme pas exactement le produit de deux chiffres, on cherche dans la table le produit immédiatement plus petit que ce nombre, qui en indique alors le quotient approximatif. dont on fait l'usage qui sera expliqué plus loin. Par ex. : pour savoir combien de fois 7 est contenu en 38, je cherche dans les produits du chiffre 7, et je trouve que le produit plus petit, le plus approchant de ce nombre est $35 = 7 \times 5$. Je vois donc que 7 est contenu 5 fois en 38, mais pas exactement, puisque 7×5 ne font que 35, qui, retranchés de 38, laissent pour reste 3, que je ne puis pas diviser par 7. Ainsi, 38 divisé par 7, donne 5 pour quotient approximatif, et 3 pour reste, dont on verra également l'emploi plus loin.

La division n'est au fond qu'une soustraction répétée et abrégée (§. 20), car, pour trouver combien de fois un nombre est contenu dans un autre, on devrait l'en déduire successivement autant de fois qu'il serait possible. Ainsi, pour trouver combien de fois 7 est contenu en 42, il faudrait dire : $42 - 7 = 35$; $35 - 7 = 28$; $28 - 7 = 21$; $21 - 7 = 14$; $14 - 7 = 7$; $7 - 7 = 0$, et l'on trouverait de cette manière que 7 est contenu 6 fois en 42, puisqu'on peut l'en déduire six fois de suite; mais par la division on trouve bien plus promptement, d'un seul coup, que 42, divisé par 7, donne 6 pour quotient, comme on l'a vu ci-dessus.

48. Le signe de la division est un trait horizontal (—), au-dessus duquel on place le dividende, et sous lequel on place le diviseur; ou deux points (:), devant lesquels on pose le dividende, et derrière lesquels on pose le diviseur; l'un et l'autre de ces signes se prononce : *divisé par.*

Ainsi, $\frac{63}{9} = 7$, ou $63 : 9 = 7$, veut dire : 63 divisé par 9, donne 7 pour quotient, ou 9 est contenu 7 fois en 63.

49. Dans chaque division on peut multiplier le dividende et le diviseur par un même nombre, ou les diviser par un même nombre, sans changer le quotient. Ainsi, $24 : 6 = 4$; si je multiplie 24 et 6 par 5, je trouve 120 : 30, qui donnent également 4 pour quotient; si, au contraire, je divise 24 et 6 par 3, je trouve 8 : 2, qui donnent encore 4 pour quotient.

50. Si, dans une division de nombres concrets, le dividende et le diviseur sont d'espèce différente, le quotient est toujours de la même espèce que le dividende; si, au contraire, le dividende et le diviseur sont de la même espèce, le quotient est toujours d'espèce différente. Par ex. Si 8 mètres coûtent 56 fr., 1 mètre coûtera la 8.ᵉ partie de 56 fr.; or, on trouve la 8.ᵉ partie d'un nombre en le divisant par 8 : ainsi 56 sera le dividende, 8 le diviseur, et le quotient sera 7; la 8.ᵉ partie de 56 *francs* étant 7 *francs*, on voit qu'ici le dividende et le quotient sont de même espèce, tandis que le diviseur, 8 *mètres*, est d'espèce différente.

Si, au contraire, on demande combien on aura de mètres pour 56 fr., si un mètre coûte 7 fr., il est évident qu'on aura autant de mètres qu'on a de fois 7 fr.; mais on a autant de fois 7 *francs*, que 7 est contenu de fois en 56 *francs*, c'est-à-dire, 8 fois; on aura donc 8 *mètres*; et l'on voit qu'ici le dividende et le diviseur sont de même espèce, tandis que le quotient est d'espèce différente.

51. Pour diviser un nombre de plusieurs chiffres par un nombre d'un seul chiffre, on écrit le diviseur à la droite du dividende, on les sépare par une ligne verticale, et l'on tire une autre ligne horizontale sous le diviseur, au-dessous de laquelle on place ensuite les chiffres du quotient, à mesure qu'on les trouve. On commence alors par examiner combien de fois le diviseur est contenu dans le premier chiffre à la gauche du dividende, ou, s'il n'y est pas contenu au moins une fois, dans les deux premiers chiffres : on trouve par là le premier chiffre du quotient, qu'on pose sous le diviseur au-dessous de la ligne horizontale mentionnée plus haut. On multiplie alors le diviseur par ce quotient partiel (à la rigueur on devrait multiplier le quotient par le diviseur), et l'on retranche leur produit du premier ou des deux premiers chiffres du dividende, qu'on a pris pour premier dividende partiel, sous lequel on pose le reste qu'on peut trouver. A la droite de ce reste on abaisse ensuite le chiffre suivant du dividende général, ce qui donne le second dividende partiel, sur lequel on opère de la même manière que ci-dessus, en posant dans le quotient le nouveau chiffre trouvé, et l'on continue de même jusqu'à ce qu'on ait abaissé tous les chiffres du dividende général. Par ex. :

Soit proposé de prendre la 4.ᵉ partie de 1448, ou de trouver combien de fois 4 est contenu en 1448, soit en d'autres termes, de diviser 1448 par 4.

Dividende	Diviseur
1448	4
24	362 Quotient
8	

Je dis : le diviseur 4 n'étant pas contenu dans le premier chiffre du dividende, 1, je devrais poser un 0 dans le quotient; mais comme un 0 n'a pas de valeur à la gauche d'un nombre (voyez §. 67, 6), je le supprime, et je prends de suite les deux premiers chiffres du dividende pour dividende partiel, en disant : 1 mille et 4 centaines font 14 centaines, dont la 4.e partie est 3 centaines; je pose donc le chiffre 3 dans le quotient, et je multiplie le diviseur 4 par ce premier quotient partiel, produisant 12, qui, ôtés de 14, donnent pour reste 2, que je pose dessous; ces 2 centaines font 20 dizaines, qui, avec les 4 dizaines du dividende général, que j'abaisse à leur droite, donnent pour second dividende partiel 24 dizaines, dont la 4.e partie est 6 dizaines; je pose donc le chiffre 6 dans le quotient, à la droite du chiffre 3, qui s'y trouve déjà, et je multiplie le diviseur 4 par ce nouveau quotient partiel 6, produisant 24, qui, ôtés des 24 ci-dessus, ne donnent point de reste; j'abaisse maintenant les 8 unités du dividende général, qui forment le troisième dividende partiel, et dont la 4.e partie est 2 unités; je pose donc le chiffre 2 dans le quotient, à la droite de ceux qui y sont déjà, et je multiplie le diviseur par ce troisième quotient partiel, produisant 8, qui, ôtés de 8, ne donnent point de reste. La division se trouvant ainsi achevée, il en résulte que la quatrième partie de 1448 est 362, ou que 4 est contenu 362 fois en 1448.

Soit à diviser 3745917 par 9.

```
3745917|9
 14....|416213
  55
   19
    11
     27
```

Le diviseur 9 n'étant pas contenu dans le premier chiffre à gauche du dividende, 3, je prends les deux premiers en disant : 9 en 37 est 4 fois, 4 × 9 = 36, de 37 reste 1; j'abaisse à côté le chiffre 4; 9 en 14 est 1 fois, 1×9 = 9, de 14 reste 5; j'abaisse à côté le chiffre 5, en mettant dans le dividende un point sous ce chiffre, ainsi que sous tous les suivants, à mesure que je les abaisse, afin d'éviter les erreurs; 9 en 55 est 6 fois, 6 × 9 = 54, de 55 reste 1; j'abaisse le chiffre 9; 9 en 19 est 2 fois, 2 × 9 = 18, de 19 reste 1; j'abaisse le chiffre 1; 9 en 11 est 1 fois, 1 × 9 = 9, de 11 reste 2; j'abaisse le chiffre 7; 9 en 27 est 3 fois, $3 \times 9 = 27$, de 27 reste 0. La 9.e partie de 3745917 est donc 416213.

Si, à la fin d'une division l'on trouve un reste, cela prouve que le diviseur n'est pas contenu exactement dans le dividende; on verra plus tard (§§. 111 et 118), ce qu'on doit faire d'un pareil reste.

52. Pour diviser un nombre de plusieurs chiffres par un autre nombre de plusieurs chiffres, on les écrit comme il a été dit plus haut. On prend ensuite à la gauche du dividende autant de chiffres qu'il y en a dans le diviseur, ou un de plus, si son premier chiffre à gauche n'est contenu que dans les deux premiers chiffres à gauche du dividende, ce qui forme le premier dividende partiel. Au lieu d'examiner combien de fois tout le diviseur y est contenu, on se borne alors à prendre son premier chiffre à gauche seul, et à voir combien de fois il est contenu dans le premier ou dans les deux premiers chiffres de ce dividende partiel; on trouve par là le premier chiffre du quotient, qu'on écrit comme il a été dit ci-dessus. On multiplie tout le diviseur par ce quotient partiel, et l'on retranche le produit trouvé du dividende partiel; pour cela on devrait chaque fois écrire ce produit sous le dividende, et faire la soustraction dans la forme habituelle; mais pour abréger l'opération, on ne l'écrit point, et l'on se borne à retrancher de mémoire le produit de la multiplication de chaque chiffre du diviseur séparément, à mesure qu'on le trouve, en posant seulement chaque fois le reste sous le dividende, comme on l'a vu ci-dessus (§. 51) pour la division par un seul chiffre. A côté de ce reste on abaisse alors le chiffre suivant du dividende, ce qui donne le second dividende partiel, avec lequel on procède comme avec le premier, en continuant ainsi jusqu'à ce que le dividende général soit épuisé. S'il se trouve un dividende partiel plus petit que le diviseur, qui par conséquent n'y est pas contenu, on pose un 0 au quotient, et l'on abaisse le chiffre suivant; si par ce moyen le divi-

dende partiel ne devenait encore pas assez grand, on répéterait la même opération jusqu'à ce que la division devienne possible, en ayant soin de n'abaisser toujours qu'*un seul chiffre à la fois*, et de mettre chaque fois un 0 au quotient.

Si, après la soustraction faite du produit du diviseur par le quotient partiel, on trouvait un reste égal au diviseur, ou même plus grand, cela prouverait que le chiffre du quotient est trop petit, et qu'il faut en prendre un autre, plus grand d'une unité, puisque le diviseur serait contenu une fois de plus dans le dividende. Si, au contraire, on ne pouvait pas déduire ce produit du dividende partiel, cela prouverait que le chiffre du quotient est trop grand, et il faudrait en essayer un autre, plus petit d'une ou de plusieurs unités. Dans tous les cas, chaque quotient partiel ne doit jamais être plus grand que 9; car, pour qu'il pût être 10, il faudrait que le quotient partiel précédent fût trop petit d'une unité, ce qu'on aurait remarqué de suite par le reste, qui aurait été égal au diviseur ou plus grand, ainsi qu'on l'a vu ci-dessus. Par exemple :

Soit 389910884 à diviser par 814.

389910884	814
6431	479006
7330	
4884	

Voyant que le premier chiffre à gauche du diviseur, 8, n'est contenu que dans les deux premiers chiffres à gauche du dividende, 38, je prends pour premier dividende partiel un chiffre de plus que le diviseur n'en contient, c'est-à-dire quatre, à la gauche du dividende général, et j'ai donc d'abord 3899 à diviser par 814. Pour cela je prends le chiffre 8 seul, en disant : 8 en 38 est 4 fois; je pose 4 au quotient, et je multiplie tout le diviseur par ce quotient partiel, en retranchant successivement le produit de chaque chiffre, à mesure que je le trouve, du dividende partiel ci-dessus. Je dis d'après cela : 4 fois 4 font 16, de 9 ne se peut; j'ajoute donc 10 à ces 9 (§. 29), faisant 19, et je dis : 16 de 19 reste 3; ayant augmenté le nombre supérieur de 10, je dois augmenter le nombre inférieur d'autant, soit d'une dizaine (que je considère ici comme telle pour la facilité de l'opération), et je retiens cette dizaine pour l'ajouter au produit des dizaines du diviseur, multipliées par le quotient; je dis donc : 4 fois 1 font 4, et 1 de retenue font 5, de 9 reste 4; 4 fois les 8 centaines font 32, de 38 reste 6. A la droite du reste 643 j'abaisse maintenant le chiffre 1 du dividende général, ce qui me donne 6431 pour second dividende partiel, et prenant de nouveau le chiffre 8 du diviseur seul, je trouve que 8 en 64 serait 8 fois, 8 fois 8 faisant juste 64; mais comme il ne resterait rien, et que 8 ne serait pas contenu dans le chiffre suivant 3, j'en conclus que 8 est trop fort, et qu'il ne faut donc prendre que 7 pour second quotient partiel. Multipliant alors tout le diviseur par ce chiffre, je dis : 7 fois 4 font 28, de 1 ne se peut, j'y ajoute donc 30, faisant ensemble 31, et j'ai 28 de 31 reste 3; ayant augmenté le nombre supérieur de 30, je dois augmenter le nombre inférieur d'autant, soit de 3 dizaines (que je considère encore comme telles pour la facilité de l'opération), et je les retiens pour les ajouter au produit des dizaines du diviseur multipliées par 7; je dis donc : 7 fois 1 font 7, et 3 de retenue font 10, de 3 ne se peut; j'y ajoute 10 faisant ensemble 13, et j'ai 10 de 13 reste 3, en retenant une centaine pour ces 10 dizaines ajoutées; 7 fois 8 centaines font 56, et 1 de retenue font 57, de 64 reste 7. A côté du reste 733 j'abaisse maintenant le 0 du dividende général, en mettant un point au-dessous, et j'ai pour troisième dividende partiel 7330; prenant de nouveau le chiffre 8 du diviseur seul, je trouve que 8 en 73 est 9 fois, et j'ai donc 9 pour troisième quotient partiel. Multipliant alors tout le diviseur par ce chiffre, je dis : 9 fois 4 font 36, de 0 ne se peut, mais de 40 reste 4, et je retiens 4 dizaines pour ces 40 unités ajoutées; 9 fois 1 font 9, et 4 de retenue font 13, de 3 ne se peut, mais de 13 reste rien, et je retiens 1 centaine pour ces 10 dizaines ajoutées; 9 fois 8 font 72, et 1 font 73, de 73 reste rien. A côté du reste 4 j'abaisse maintenant le chiffre 8 du diviseur général, en mettant un point au-dessous, ce qui me donne 48 pour quatrième dividende partiel, et prenant de nouveau le chiffre 8 du diviseur seul, je trouve qu'il serait bien contenu dans 48, mais comme je n'ai pas à diviser par 8 seulement, mais par 814, ces 8 sont des centaines, qui ne sont pas contenues dans 48 unités; je pose donc un 0 au quotient, et à côté de ces 48 j'abaisse le chiffre suivant, 8, du dividende général, en mettant un point au-dessous, ce qui me donne 488 pour cinquième dividende partiel; mais comme 814 n'y est encore pas contenu, je suis obligé de poser un nouveau 0 au quotient, et d'abaisser le dernier chiffre 4 du dividende général, ce qui me donne 4884 pour sixième et dernier dividende partiel; prenant de nouveau le chiffre 8 du diviseur seul, je trouve qu'il est 6 fois en 48, et j'ai donc 6 pour dernier quotient partiel. Multipliant alors tout le diviseur par ce chiffre, je dis : 6 fois 4 font 24, de 4 ne se peut, mais de 24 reste rien, et je retiens 2 dizaines; 6 fois 1 font 6, et 2 de retenue font 8, de 8 reste rien; 6 fois 8 font 48, de 48 reste rien, et la division se trouve ainsi achevée. Le quotient total est donc 479006, et l'on voit qu'il contient autant de chiffres qu'on a fait de divisions partielles.

52. Si le premier chiffre d'un diviseur de plusieurs chiffres est petit, et le second grand, il faut bien faire attention de ne pas prendre le chiffre du quotient trop grand, pour ne pas être dans le cas de l'effacer plusieurs fois, ce qui serait désagréable. Par ex. :

Soit 5196524 : 298.

```
5196524 | 298
2216    | 17438
 1305
  1132
   2384
```

Voyant que le premier chiffre du diviseur, 2, est contenu dans le premier chiffre du dividende 5, je prends seulement trois chiffres, soit 519, pour premier dividende partiel, et prenant le chiffre 2 du diviseur seul, je trouve qu'en 5 il serait contenu 2 fois; mais avant d'écrire le chiffre 2 dans le quotient, je l'essaie en multipliant de mémoire le premier chiffre du diviseur, 2, par ce quotient partiel, produisant 4, ce qui, ôté du premier chiffre du dividende, 5, donnerait 1 pour reste; en supposant maintenant le second chiffre du dividende, 1, abaissé à côté de ce reste, j'aurais 11, et le second chiffre du diviseur, 9, n'y serait pas contenu 2 fois : je vois donc par là que le chiffre 2 serait trop fort dans le quotient, et qu'il faut seulement y mettre 1. Ainsi, $1 \times 8 = 8$, de 9 reste 1; $1 \times 9 = 9$, de 1 ne se peut, mais de 11 reste 2, et je retiens 1 dizaine. $1 \times 2 = 2 + 1$ de retenue $= 3$, de 5 reste 2. A côté du reste 221 j'abaisse le chiffre 6, ce qui me donne 2216 pour second dividende partiel, et prenant encore le chiffre 2 du diviseur seul, je trouve qu'il serait contenu 11 fois dans les deux premiers chiffres du dividende, 22; j'aurais donc un quotient plus fort que 9, ce qui est impossible, puisque le reste 221 était moindre que le diviseur (§. 52). J'essaie donc pour quotient le chiffre 9, mais sans l'écrire, en multipliant de mémoire le premier chiffre du diviseur, 2, par 9, faisant 18, de 22 resterait 4; en supposant alors le chiffre suivant du dividende, 1, abaissé à côté de ce reste, j'aurais 41, et le second chiffre du diviseur, 9, n'y serait pas contenu 9 fois, ce qui prouve que le chiffre 9 serait trop fort. J'essaie maintenant le chiffre 8 de la même manière, mais toujours sans l'écrire, en multipliant le premier chiffre du diviseur, 2, par 8, faisant 16, de 22 resterait 6; en supposant le chiffre 1 abaissé à côté, j'aurais 61, et le second chiffre, 9, du diviseur n'y serait pas contenu 8 fois, ce qui prouve que le chiffre 8 serait encore trop fort. J'essaie enfin le chiffre 7 de la même manière, et trouvant qu'il est bien, je l'écris comme second quotient partiel. Je fais alors la multiplication du diviseur par ce chiffre, pour en retrancher le produit du dividende partiel, d'après le mode suivi jusqu'ici, et je continue ensuite la division jusqu'à la fin, en employant toujours la même précaution que ci-dessus; par ce moyen je ne suis jamais dans le cas d'effacer un chiffre dans le quotient.

Il y a néanmoins une manière de procéder bien plus expéditive, lorsque le premier chiffre du diviseur est faible, tel que 1, 2, 3 ou 4, et que le second est fort, comme dans 19, 28, 39, 498, etc.; il suffit pour cela d'augmenter de mémoire le premier chiffre d'*une unité*, car diviser par 19, 28, 39, etc., revient presque à diviser par 20, 30, 40, etc. Ainsi, dans l'exemple précédent, au lieu de 2 en 5, on dirait de suite : 3 en 5 est 1 fois; au lieu de 2 en 22, on dirait : 3 en 22 est 7 fois, et ainsi de suite.

54. Si le dividende et le diviseur se terminent tous les deux à leur droite par des zéros, on supprime le même nombre de zéros dans chacun des deux, en les barrant, pour simplifier la division, qu'on fait ensuite comme à l'ordinaire. Par ex. : soit 8000 : 400.

80~~00~~ | 4~~00~~ | 20 .

En barrant deux zéros dans le dividende et dans le diviseur, je les rends tous les deux 100 fois plus petits, puisque les 8 mille du dividende deviennent par là 8 dizaines, et les 4 centaines du diviseur 4 unités, ce qui ne change rien au quotient (§. 49).

On verra plus loin (§. 109) comment on peut simplifier la division, si le diviseur seul se termine par des zéros.

55. Il est utile de s'habituer à diviser par les neuf chiffres seuls, sans écrire le diviseur ni les restes du dividende, et en posant seulement le quotient au-dessous. Ainsi :

soit 347310 : 6.
57885

Je dis : 6 en 34 est 5 fois, $5 \times 6 = 30$, de 34 reste 4; j'abaisse 7; 6 en 47 est 7 fois, $7 \times 6 = 42$, de 47 reste 5; j'abaisse 3; 6 en 53 est 8 fois; $8 \times 6 = 48$, de 53 reste 5; j'abaisse 1; 6 en 51 est 8 fois, $8 \times 6 = 48$, de 51 reste 3; j'abaisse 0; 6 en 30 est 5 fois, $5 \times 6 = 30$, de 30 reste 0. Le quotient est donc 57885.

56. La preuve de la division se fait en multipliant le diviseur par le quotient, et en ajoutant au produit le reste, s'il y en a un; il est évident que, si l'opération a été bien faite, on doit retrouver le dividende. Ainsi, 14945 : 61 = 245; en multipliant le diviseur 61 par le quotient 245, ou ici pour plus de facilité le quotient 245 par le diviseur 61 (§. 37), on a pour produit 14945, soit un nombre égal au dividende.

57. Par la division on peut aussi faire la preuve de la multiplication, en divisant le produit par un des deux facteurs; il est évident que, si l'opération a été bien faite, on doit retrouver l'autre facteur pour quotient.

Ainsi : 245 × 61 = 14945; en divisant 14945 par 61, je dois retrouver 245, ou en divisant 14945 par 245, je dois retrouver 61, autrement j'aurais commis quelque erreur.

Exemples sur la division.

1)	diviser	734582	par	2.	15)	diviser 39478644 par 9.
2)	—	9780146	—	2.	16)	— 44687493 — 9.
3)	—	450017382	—	3.	17)	28149768:81.
4)	—	73120105	—	3.	18)	290161302:62.
5)	—	948314008	—	4.	19)	14840868:43.
6)	—	123456780	—	4.	20)	7266678866668:54.
7)	—	246809735	—	5.	21)	52950723:203.
8)	—	9754031025	—	5.	22)	145424160:405.
9)	—	986530022	—	6.	23)	3897261710:607.
10)	—	927964524	—	6.	24)	60034250:250.
11)	—	24271247	—	7.	25)	2124944400:3700.
12)	—	172816571	—	7.	26)	14712054000:49000.
13)	—	839710464	—	8.	27)	65693340:2790.
14)	—	37912864	—	8.	28)	2517160400:39800.

29) Si 314 hectolitres de vin coûtent 11304 francs, combien coûtera 1 hectolitre ?

Observation. Si 314 hectolitres coûtent 11304 francs, un hectolitre en coûtera la 314.ᵉ partie, qu'on trouve en divisant ce nombre par 314. Donc 314 est le diviseur et 11304 le dividende; le quotient sera *des francs* (§. 50).

30) Un ouvrier gagne dans une année 1232 francs, com-

bien cela fait-il par jour, si l'on compte 308 jours de travail dans l'année ?

31) Si l'on doit partager 140280 francs en 168 parts égales, à combien de francs se montera chaque part ?

32) Si le mètre d'une étoffe coûte 25 francs, combien de mètres aura-t-on pour 725 francs ?

Observation. Si pour 25 francs on a 1 mètre, on aura autant de mètres qu'on a de fois 25 francs; on trouve combien de fois 25 francs sont contenus dans le nombre de francs donné, en divisant ce nombre par 25; le diviseur est donc 25 et le dividende 725; le quotient sera *des mètres* (§. 50).

33) Une ville est distante d'une autre de 60 myriamètres; combien de jours faudra-t-il à un voyageur pour aller de l'une à l'autre, s'il fait 4 myriamètres par jour ?

34) 9000 heures, combien de jours cela fait-il ?

35) Un éleveur de bestiaux a vendu pendant une année des bœufs pour 87615 francs; le prix obtenu étant de 295 francs par tête, l'un dans l'autre, combien de bœufs a-t-il vendu ?

III. Des décimales ou fractions décimales.

58. On peut diviser chaque objet, ou chaque unité, en autant de parties égales, ou du moins se le représenter divisé en autant de parties égales qu'on veut. Ainsi l'on peut se figurer le mètre divisé en deux, cinq, dix, vingt, cent parties égales, etc.

59. Toutes ces parties, prises ensemble, font l'*entier*; mais si l'on prend seulement une ou plusieurs de ces parties, on a une *fraction*.

60. Si maintenant on divise une unité en *dix* parties égales, chacune de ces parties se nommera un *dixième*. Si l'on divise chaque dixième encore en *dix* parties égales, ou l'unité en *cent*, chacune de ces parties se nommera un *centième*; si l'on divise de nouveau chaque centième en dix parties égales ou l'unité en *mille*, chacune de ces par-

ties se nommera un *millième*. En continuant ainsi, on aura des *dix-millièmes*, des *cent-millièmes*, des *millionièmes*, etc.

61. De même que dans une série de chiffres les places augmentent en valeur de droite à gauche dans le rapport d'un à dix, de manière que chaque place exprime la valeur décuple de celle qui lui est voisine à droite (§. 11), *de même ces places diminuent en valeur, de gauche à droite, dans le rapport d'un à dix, de façon que chaque place exprime la dixième partie de la valeur de celle qui lui est voisine à gauche.*

62. Si donc on continue une série de chiffres vers la droite, après la place des unités, on trouvera successivement les places des dixièmes, des centièmes, des millièmes, etc., et afin de pouvoir distinguer la *place des unités* au premier coup d'œil, on la sépare au moyen d'une *virgule* (ou d'un *point*) d'avec les places suivantes vers la droite.

63. Tous les nombres dont il a été question jusqu'ici sont des nombres *décimaux*, puisque la valeur des places d'une série de chiffres augmente ou diminue dans le rapport décimal; mais dans un sens plus restreint, on appelle *parties décimales* ou simplement *décimales*, les nombres qui, par suite de la diminution décimale continuée, *se trouvent dans une série de chiffres après la place des unités, à la droite de la virgule.* On les nomme aussi *fractions décimales*, puisqu'ils expriment moins qu'une unité (§. 59), et par contre on nomme *nombres entiers*, ceux qui se trouvent à la gauche de la virgule, depuis la place des unités inclusivement.

Dans le même sens, on appelle *nombres décimaux*, ceux composés d'entiers et de fractions décimales.

Numération des décimales.

64. Lorsqu'on doit énoncer de pareilles décimales, comme 6,415 on devrait dire : 6 unités, 4 dixièmes, 1 centième et 5 millièmes; mais, pour plus de brièveté, on dit simplement : 6 unités et 415 millièmes, puisque 1 cen-

tième vaut 10 millièmes, et que 4 dixièmes valent 400 millièmes (§. 60).

On voit par là, qu'après avoir énoncé les nombres entiers, on énonce à leur suite les décimales comme des nombres entiers, en leur donnant seulement le nom *de la dernière place à droite.*

65. Pour pouvoir écrire facilement et correctement les décimales, il faut savoir les noms de toutes leurs places dans leur ordre successif, comme il a été dit pour les nombres entiers (§. 17). On fait alors attention aux noms qui sont énoncés, et l'on procède au fond de la même manière que pour écrire les nombres entiers. On observe seulement d'écrire d'abord les nombres entiers qui sont indiqués, et de mettre une virgule après la place des unités, vers la droite (§. 62); ou, s'il n'y a point de nombres entiers d'indiqués, de poser un zéro à la place des unités et de mettre une virgule à côté, vers la droite. Cela fait, on continue à poser des chiffres ou des zéros aux places des décimales, de gauche à droite, selon les indications qui sont données. Ainsi :

Pour écrire 1 unité et 6 dixièmes, je pose 1 unité, je mets une virgule, et je pose ensuite les 6 dixièmes, soit 1,6.

Pour écrire 5 dixièmes, je pose 0 unité, je mets une virgule, et je pose les 5 dixièmes, soit 0,5.

Pour écrire 7 centièmes, je pose 0 unité, je mets une virgule, et je continue à poser 0 dixième et 7 centièmes, soit 0,07.

Pour écrire 3 unités et 8 millièmes, je pose les 3 unités, je mets une virgule, et je continue à poser 0 dixième, 0 centième et 8 millièmes, soit 3,008.

66. Lorsqu'il y a plusieurs décimales d'indiquées, on procède plus promptement en les écrivant de suite à la droite de la virgule comme des nombres entiers. Il faut seulement faire attention s'il y a assez de chiffres d'indiqués pour *que le dernier de ces chiffres vers la droite arrive à la place dont le nom est énoncé* (§. 64), et, si ce n'est

point le cas, il faut remplir les places manquantes après la virgule au moyen de zéros. Ainsi :

Pour écrire 4 unités et 675 millièmes, je commence par poser les 4 unités et je mets une virgule; puis je me rappelle que les millièmes se trouvant à la troisième place à la droite des unités, il me faut trois chiffres pour y arriver, et comme les 675 indiqués contiennent précisément trois chiffres, je les pose tels qu'ils sont, à la droite de la virgule, de façon que j'ai 4,675.

Pour écrire 8 unités et 35 millièmes, je pose les 8 unités et je mets une virgule; puis je me rappelle que pour écrire des millièmes il me faut trois chiffres, mais que, les 35 indiqués n'en contenant que deux, je dois poser un zéro après la virgule, et ensuite seulement ces 35; par ce moyen le dernier chiffre 5 se trouve à la place des millièmes dont il porte le nom, et j'ai 8,035.

Pour écrire 435 dix-millièmes, je commence par poser un zéro, puisqu'il n'y a pas d'unités d'indiquées, je mets une virgule et je dis : pour écrire des dix-millièmes il me faut quatre chiffres, tandis que le nombre indiqué n'en contient que trois; je pose donc un 0 après la virgule, puis seulement ces 435, et j'ai 0,0435.

Pour écrire 476 centièmes, je dis au contraire : pour écrire des centièmes, il ne me faut que deux chiffres, et le nombre indiqué en contient trois; je me borne donc à en séparer les deux derniers au moyen de la virgule, et j'ai 4,76, soit 4 unités et 76 centièmes, puisque 400 centièmes valent 4 unités.

Exemples sur la numération écrite des décimales.

1) 7 unités 16 centièmes.
2) 18 unités 450 millièmes.
3) 8 unités 759 dix-millièmes.
4) 973 millièmes.
5) 9 dix-millièmes.
6) 14 cent-millièmes.
7) 3 centièmes.
8) 4 millièmes.
9) 912 dixièmes.
10) 1778 millièmes.
11) 7004 centièmes.
12) 1834 dixièmes.

67. En considérant attentivement une série de chiffres, telle que :

1 1 1 1 1 1 1,1 1 1 1 1

on remarque, d'après ce qui a été dit plus haut :

1) Qu'en commençant à droite et finissant à gauche, *chaque place suivante exprime le* DÉCUPLE *de la place précédente*, et qu'au contraire, en commençant à gauche et finissant à droite, *chaque place suivante exprime la* DIXIÈME PARTIE de la place précédente ;

2) Qu'ainsi, dans chaque place, il faut *dix* pour valoir *un* de la place voisine *à gauche*, et qu'au contraire *un* de chaque place vaut *dix* de celle voisine *à droite ;*

3) Qu'on peut considérer aussi chaque place quelconque comme *place des unités* ou comme *base* d'une série de chiffres, qui sera exprimée vers la *gauche* en augmentation successive par *décuple* de sa valeur, et vers la *droite* en diminution successive *par dixième* de sa valeur, et que pour cela *il suffit de transposer la virgule* A LA DROITE *de la place qu'on veut adopter pour* PLACE DES UNITÉS ;

4) Que l'augmentation vers la gauche et la diminution vers la droite peuvent continuer à l'infini ;

5) Que l'*unité* forme la *base* de tous les nombres, et que la valeur de chaque place est déterminée *par sa distance de la place des unités*, puisque dans les nombres entiers cette valeur est d'autant *plus grande*, et que dans les décimales elle est d'autant *plus petite*, qu'une place est *plus éloignée* de celle des unités ; telles que, par exemple, les places des *mille* et des *millièmes* sont, la première à *trois places vers la gauche*, et la seconde à *trois* places vers la *droite* de celle des *unités ;*

6) Que d'après cela on peut ajouter autant de zéros qu'on veut *à la gauche* d'un nombre entier, *sans en changer la valeur*, et qu'on peut de même ajouter ou retrancher autant de zéros qu'on veut *à la droite* d'un nombre décimal, *sans en changer la valeur*, puisque ces diverses opé-

rations ne produisent aucun changement dans la distance des divers chiffres de la place des unités.

Il est important de saisir bien nettement ces divers points, puisqu'ils contiennent *les principes aussi simples que rigoureux sur lesquels repose tout le système décimal, et dont découlent les nombreux avantages que ce système présente dans son application aux mesures, poids et monnaies, ainsi qu'à tous les genres de calcul.* On obtient par là, du premier abord, un aperçu général et juste de ce système dans tout son ensemble, et l'on voit aussi que le calcul des *nombres décimaux* est le même, quant au fond, que celui des nombres entiers, seulement dans une application plus étendue.

Nomenclature du système métrique décimal.

68. Pour appliquer le système décimal des nombres aux mesures et aux poids, on a donné des noms spéciaux aux places des *dizaines*, *centaines*, *mille et dix-mille*, ainsi qu'à celles des *dixièmes*, *centièmes* et *millièmes*, qui, pour les nombres entiers, ont été pris du *grec*, et pour les décimales du *latin;* savoir :

Myria	signifie	dix mille	=	10000
Kilo	—	mille	=	1000
Hecto	—	cent	=	100
Déca	—	dix	=	10
L'unité fondamentale			=	1
Déci	signifie	un dixième	=	0,1
Centi	—	un centième	=	0,01
Milli	—	un millième	=	0,001

69. Les noms propres des unités fondamentales des mesures et des poids sont :

Le *Mètre* pour les mesures de longueur,
L'*Are* — — de superficie,
Le *Stère* — — de solidité,
Le *Litre* — — de capacité,
Le *Gramme* pour les poids.

Ces noms se lient aux noms spéciaux des places, en se mettant à leur suite, de manière qu'on dit :

1 *Myriamètre* au lieu de dix mille mètres,
1 *Kilomètre* — mille —
1 *Hectomètre* — cent —
1 *Décamètre* — dix —

de même que :

1 *Décimètre* au lieu d'un dixième de mètre,
1 *Centimètre* — centième —
1 *Millimètre* — millième —

et l'on procède de la même manière avec les noms de l'*are*, du *stère*, du *litre* et du *gramme*.

Avec le nom de l'*are* on supprime toutefois la voyelle finale des dénominations grecques, en disant : *myriare*, *kilare*, *hectare* et *décare*, tandis qu'on la conserve avec les dénominations latines, en disant : *déciare*, *centiare* et *milliare*. Il est à observer néanmoins que, dans la pratique, on n'emploie que l'hectare, l'are et le centiare, et qu'on ne fait pas usage des autres multiples, ni des autres subdivisions.

70. Le nom de l'unité fondamentale des monnaies est : le *Franc*; ses subdivisions ont reçu, au lieu de leurs noms spéciaux, des noms particuliers, savoir :

1 *Décime* pour un dixième de franc,
1 *Centime* — centième —
1 *Millime* — millième —

et les noms spéciaux de ses multiples ne sont pas usités, en ce qu'on ne dit pas décafranc, hectofranc, etc., mais simplement dix francs, cent francs, etc.

71. Il est essentiel de bien savoir ces noms spéciaux dans leur ordre successif, comme il a été dit pour les noms ordinaires des places d'une série, et l'on y parvient le plus facilement en les répétant de suite, tant en montant qu'en descendant, jusqu'à ce qu'il n'y ait plus aucune hésitation.

72. Si maintenant on doit écrire des nombres entiers,

avec ces dénominations, on procède de la même manière qu'avec les dénominations ordinaires; ainsi :

Pour écrire 6 déca, je pose 6 déca et 0 unité, soit 60 unités.

Pour écrire 4 hectogrammes, je pose 4 hecto, 0 déca et 0 gramme, soit 400 grammes.

Pour écrire 38 myriamètres, 6 hectomètres et 7 mètres, je pose 38 myria, 0 kilo, 6 hecto, 0 déca et 7 mètres, soit 380607 mètres.

73. Lorsqu'il s'agit d'écrire des décimales avec ces dénominations, on procède aussi de la même manière qu'avec les dénominations ordinaires, en ayant soin de remplir la place des unités par un zéro, et de la désigner par une virgule posée à sa droite; ainsi :

Pour écrire 8 déci, je pose 0 unité, je mets une virgule à côté, puis je pose les 8 déci, soit 0,8.

Pour écrire 4 centilitres, je pose 0 litre, je mets une virgule, puis je pose 0 déci et 4 centilitres, soit 0,04 litre.

Mais lorsqu'il y a plusieurs décimales d'indiquées, on procède avec plus d'avantage de la manière suivante : On commence par écrire les décimales indiquées, comme si c'étaient des nombres entiers; puis on compte les places de la droite vers la gauche, en commençant par la dernière à droite, sur laquelle on prononce le nom indiqué (§. 64), et en continuant à prononcer les noms des places intermédiaires, jusqu'à celle des unités; on a soin de remplir par des zéros les places qui ne sont pas occupées par des chiffres, y compris celle des unités, et de mettre une virgule à la droite de cette dernière place; ainsi :

Pour écrire 84 milligrammes, je pose ce nombre, et je dis, en allant de droite à gauche, 4 *milli*, 8 *centi*, 0 *déci*, 0 *gramme*, en mettant une virgule à droite de ce dernier, soit 0,084 gramme.

Pour écrire 624 millimètres, je pose ce nombre, et allant de droite à gauche, je dis : 4 *milli*, 2 *centi*, 6 *déci* et 0 *mètre*, en mettant une virgule à la droite de ce dernier, soit 0,624 mètre.

Pour écrire 6074 milligrammes, je pose ce nombre, et allant de droite à gauche, je dis : 4 *milli*, 7 *centi*, 0 *déci* et 6 *grammes*, en mettant une virgule à la droite de ces derniers, soit 6,074 grammes, puisque 6 grammes valent en effet 6000 milligrammes.

74. S'il s'agit d'écrire des nombres entiers avec des décimales, on commence par poser les décimales seules, et l'on compte jusqu'à la place des unités, comme il a été dit ci-dessus (§. 73); on indique cette dernière place par une virgule, à la gauche de laquelle on pose alors les nombres entiers; ainsi :

Pour écrire 64 grammes et 25 milligrammes, je pose d'abord les 25, en disant 5 *milli*, 2 *centi*, puis je pose 0 déci, je mets la virgule, et à sa gauche je pose les 64 grammes, soit 64,025 grammes.

Lorsqu'on est suffisamment exercé, on peut toutefois aussi aller de gauche à droite, et commencer par écrire les nombres entiers, en posant les décimales à leur suite, comme avec les dénominations ordinaires.

75. Le cas se présente souvent que des nombres ne sont point indiqués dans l'ordre successif des places, et qu'ils doivent cependant être écrits dans leur ordre continu; il suffit alors d'un peu de réflexion pour y parvenir. Par exemple :

Je dois écrire 4 myria, 168 déci et 25 milli; or, je sais par ce qui précède, que 168 déci valent 1 déca, 6 unités et 8 déci, et que 25 milli valent 2 centi et 5 milli, et j'ai donc 4 myria, 0 hecto, 1 déca, 6 unités, 8 déci, 2 centi et 5 milli. Pour avoir plus de facilité à trouver les places respectives des divers chiffres dans leur ordre, je puis figurer en une série les huit places de la nomenclature décimale par des zéros, au-dessous desquels je pose alors sans difficulté chaque chiffre à la place qui lui convient. Par exemple :

00000,000
40016,825.

Je vois par là que les nombres indiqués font 40016 unités et 825 milli.

Ainsi, pour écrire 109 kilogrammes, 4 décagrammes et 95 milligrammes, je dirai : 109 *kilo*, 0 *hecto*, 4 *déca*, 0 *gramme*, 0 *déci*, 9 *centi* et 5 *milli*; je poserai donc

00000,000
109040,095

et j'aurai 109040 grammes et 95 milligrammes.

Observation. Il n'est pas indispensable de se servir de la nomenclature systématique avec les dénominations grecques et latines, et l'on peut tout aussi bien dire 100 litres que 1 hectolitre, ou 10000 mètres que 1 myriamètre. En général, on fera bien d'employer celui de ces deux modes qui, dans un cas donné, présentera le plus de clarté et de brièveté.

Propriétés générales des décimales.

76. Pour multiplier un nombre décimal par dix, il suffit de transposer la virgule d'*une* place de la gauche vers la droite, puisque par là chaque chiffre arrive à une place *dix fois plus grande*. Pour multiplier un tel nombre par 100, 1000, 10000, etc., ou en général par le chiffre 1, ayant à sa droite autant de zéros qu'on voudra, il suffira donc aussi, par la même raison, de transposer la virgule, de la gauche vers la droite d'*autant de places* qu'il y a de zéros à la droite de l'unité. Ainsi, pour multiplier le nombre 3,4856 par 100, je transpose la virgule de *deux* places de gauche à droite, puisque 100 contient *deux zéros*, et je trouve 348,56. Ce dernier nombre est aussi en effet 100 fois plus grand que le précédent, car chacun de ses chiffres se trouve à une place 100 fois plus grande; le chiffre 3, qui était précédemment à la place des *unités*, est maintenant à celle des *centaines*, et vaut donc 100 fois plus qu'auparavant; le chiffre 8 qui était à la place des *centièmes*, est maintenant à celle des *unités*, et vaut donc

aussi 100 fois plus, et il en est de même des autres chiffres.

Pour multiplier 0,054 par 1000, je dis : 1000 a *trois* zéros, donc il faudrait transposer la virgule de *trois* places de gauche à droite; mais comme elle se trouverait par là placée à droite du dernier chiffre, elle n'aurait plus de but, et je la supprime entièrement; j'ai donc 0054 ou simplement 54, puisque les deux zéros à la gauche de ce nombre n'ont point de valeur (§. 67, 6).

77. S'il n'y a pas assez de décimales pour pouvoir transposer la virgule d'autant de places qu'on devrait le faire, on supplée à celles manquantes par des zéros, et on supprime la virgule, qui, à la droite de la dernière place, n'aurait plus de but. Ainsi :

Pour multiplier 5,75 par 1000, je dis : 1000 a *trois* zéros, donc il faudrait transposer la virgule de *trois* places de gauche à droite; mais comme il n'y a que deux décimales, j'ajoute un zéro à leur droite, et je supprime la virgule. J'ai maintenant 5750, et ce nombre est effectivement 1000 fois plus grand que le précédent; car les 5 unités sont devenues 5 mille, et ainsi de suite.

78. En supprimant la virgule d'un nombre décimal quelconque, on le multiplie donc par 1, accompagné *d'autant de zéros* que ce nombre a de chiffres décimaux. Ainsi, en supprimant la virgule du nombre 6,345, je trouve 6345, et j'ai multiplié par là ce nombre par 1000; car les 5 millièmes sont devenus 5 unités, les 6 unités sont devenues 6 mille, et ainsi de suite.

79. Par la *transposition de la virgule de gauche à droite*, on peut aussi, en employant la nomenclature systématique, réduire les *multiples des unités métriques dans leurs subdivisions*, ce qui, au fond, n'est qu'une multiplication par 10, 100, 1000, etc. Par exemple :

Pour réduire successivement 60 mètres et 325 millimètres dans leurs diverses subdivisions, je pose ce nombre, et je transpose la virgule chaque fois d'une place de la gauche vers la droite; je trouverai ainsi :

soit 60,325 mètres,
— 603,25 décimètres,
— 6032,5 centimètres,
— 60325 millimètres,

et pour ces derniers je supprime la virgule, qui n'aurait plus de but, puisqu'il n'y a plus de chiffres au delà, vers la droite. Je vois en effet que 60 mètres valent 60000 millimètres.

Pour réduire 58 mètres et 734 millimètres en centimètres, je pose le nombre 58,734 et en partant du chiffre 8, qui porte le nom de *mètre* (comme se trouvant à la place des unités), je vais de gauche à droite, en prononçant *déci* sur le chiffre 7, *centi* sur le chiffre 3, et je pose la virgule à la droite de ce dernier chiffre, qui, par là, devient la place des unités; j'aurai donc 5873,4 centimètres.

80. S'il n'y a pas assez de chiffres d'indiqués pour arriver jusqu'à la subdivision qu'on demande, on remplit les places manquantes à droite par des zéros, et l'on supprime la virgule, qui, à la droite de la dernière place, n'aurait plus de but. Ainsi :

Pour réduire 63 grammes et 5 décigrammes en milligrammes, je pose le nombre 63,5 et allant de gauche à droite, je prononce *déci* sur le chiffre 5, et je continue à dire *centi* et *milli*, en posant un zéro à chacun de ces noms; je supprime alors la virgule, et j'ai 63500 milligrammes. Si, au contraire, on ne doit réduire de la sorte qu'un nombre entier, sans décimales, il suffit d'y ajouter à droite autant de zéros qu'il faut pour atteindre la place de la subdivision demandée. Par ex. :

Combien de milligrammes font 54 myriagrammes? Je pose le nombre 54; puis, partant du chiffre 4, qui porte le nom de myria, je vais de gauche à droite, en disant : *kilo*, *hecto*, *déca*, *gramme*, *déci*, *centi* et *milligramme*, et en posant un zéro à chacun de ces noms; j'aurai donc 540000000 milligrammes.

Exemples.

1) 9 hectomètres, 4 mètres et 13 centimètres; combien font-ils de millimètres?

2) 3614,14 stères; combien de décistères?

3) 8 hectolitres et 4 décilitres; combien font-ils de litres?

4) 41 hectolitres et 17 litres; combien de centilitres?

5) 9 myriagrammes et 7 hectogrammes; combien de centigrammes?

6) 45 myriagrammes, 9 kilogrammes et 13 centigrammes; combien de milligrammes?

7) 70 francs et 7 centimes; combien de millimes?

8) 875 francs et 75 centimes; combien de centimes?

9) 6 myriamètres; combien de centimètres?

10) 30 kilogrammes; combien de décigrammes?

81. Pour diviser un nombre décimal par *dix*, il suffit de transposer la virgule d'*une* place de la droite vers la gauche, puisque par là chaque chiffre arrive à une place *dix fois plus petite*. Pour diviser un tel nombre par 100, 1000, 10000, etc., ou en général par le chiffre 1, ayant à sa droite autant de zéros qu'on voudra, il suffira donc, par la même raison, de transposer la virgule de la droite vers la gauche, d'*autant de places* qu'il y a de zéros à la droite de l'unité. Si le nombre indiqué ne contient pas autant de chiffres qu'il en faudrait pour faire cette transposition, on y supplée par des zéros ajoutés à gauche, en nombre suffisant pour qu'il s'en trouve un à la gauche de la virgule, afin de remplir la place des unités. Ainsi :

Pour diviser 54,73 par 1000, je dis : 1000 a *trois* zéros, donc il faudrait avancer la virgule de *trois* places vers la gauche; mais, comme il n'y a que deux chiffres, je suis obligé d'ajouter un zéro à leur gauche, puis je transpose la virgule, devant laquelle je mets un zéro pour tenir la place des unités. J'ai donc 0,05473 et ce nombre est effectivement 1000 fois plus petit que le précédent, car le chiffre 4 valait 4 unités, et ne vaut maintenant plus que 4 millièmes, et il en est de même des autres chiffres.

82. Si le nombre indiqué contient seulement des décimales, sans unités, on procède de la même manière, en posant devant le zéro qui se trouve à la place des unités, autant de zéros qu'il en faut pour pouvoir transposer la virgule, à la gauche de laquelle on en met alors encore un, pour remplir la place des unités. Ainsi :

Pour diviser 0,25 par 100, je dis : 100 a *deux zéros*, donc il faut transposer la virgule de *deux places* vers la gauche; je pose donc un zéro devant celui qui se trouve à la place des unités, je mets la virgule, et à sa gauche je pose encore un zéro. J'ai maintenant 0,0025 et ce nombre est 100 fois plus petit que le précédent, car le chiffre 2 valait 2 dixièmes, et ne vaut plus que 2 millièmes, etc.

83. Si, au contraire, on doit diviser seulement un nombre entier, sans décimales, par 10, 100, 1000, etc., ou en général par le chiffre 1, ayant à sa droite autant de zéros qu'on voudra, il suffit de séparer à la droite de ce nombre, par une virgule, autant de chiffres qu'il y a de zéros à la droite de l'unité, au moyen de quoi ces chiffres deviennent des décimales. Ainsi :

Pour diviser 7456 par 100, je dis : 100 a deux zéros, donc je sépare les deux derniers chiffres à droite, par une virgule, et je trouve 74,56. Ce nombre est effectivement 100 fois plus petit que le précédent, car les 56 entiers ne valent maintenant plus que 56 centièmes, etc.

84. Si le nombre indiqué ne contient pas autant de chiffres qu'on doit en séparer de décimales, on y supplée par des zéros ajoutés à sa gauche en nombre suffisant pour qu'il s'en trouve un devant la virgule, à la place des unités. Ainsi :

Pour diviser 36 par 1000, je devrais séparer trois chiffres par une virgule, 1000 ayant trois zéros, mais comme le nombre 36 n'a que deux chiffres, j'ajoute un zéro à sa gauche, et je mets la virgule, en posant encore un zéro à sa gauche, pour remplir la place des unités. J'ai donc

0,036, et comme les 36 unités sont maintenant devenues 36 millièmes, je les ai réellement divisées par 1000.

85. Par la *transposition de la virgule de droite à gauche*, on peut aussi, en employant la nomenclature systématique, réduire les *subdivisions des unités métriques dans leurs multiples*; ce qui, au fond, n'est qu'une division par 10, 100, 1000, etc. Par ex. :

Pour réduire successivement 60325 millimètres en subdivisions supérieures ou en multiples du mètre, je trouverai :

soit 60325 millimètres,
— 6032,5 centimètres,
— 603,25 décimètres,
— 60,325 mètres,
— 6,0325 décamètres,
— 0,60325 hectomètre,

et ainsi de suite, par le seul fait de la transposition successive de la virgule d'une place vers la gauche. Il est aisé de voir que 60000 millimètres valent bien 60 mètres.

Pour réduire 8649,75 mètres en hectomètres, je pars du chiffre 9, qui se trouve à la place des unités, et qui, par conséquent, porte leur nom; je prononce *mètre* sur ce chiffre, et je continue, en allant de droite à gauche, à dire *déca* sur le chiffre 4, et *hecto* sur le chiffre 6; je mets donc la virgule à la droite de ce dernier chiffre, puisque l'hectomètre doit maintenant être pris pour unité, et j'aurai 86,4975 hectomètres.

86. S'il n'y a pas assez de chiffres d'indiqués pour arriver jusqu'à la place demandée, on remplit par des zéros les places manquantes de la droite vers la gauche, y compris cette même place, qu'on distingue au moyen d'une virgule, puisqu'elle devient la place des unités. Ainsi :

Pour réduire 1,75 gramme en kilogrammes, je pars du chiffre 1, sur lequel je prononce le nom de *gramme*, comme se trouvant à la place des unités; puis, allant de droite à gauche, je dis successivement *déca*, *hecto* et *kilo*, en posant un zéro à chacun de ces noms; le dernier zéro vers la gauche se trouvant à la place demandée, qui devient maintenant celle des unités, je mets une virgule à sa droite, et j'ai donc 0,00175 kilogramme.

87. On procède de la même manière, lorsqu'il y a une subdivision, sans décimales indiquées, à réduire en une subdivision supérieure ou en un multiple de l'unité. P. ex.:

Combien de myriamètres font 25 centimètres? Je pars du chiffre 5, sur lequel je prononce *centi*, et je vais de droite à gauche, en disant *déci* sur le chiffre 2; puis je continue à dire successivement *mètre*, *déca*, *hecto*, *kilo* et *myria*, en posant un zéro à chacun de ces noms, et je mets une virgule à la droite du dernier zéro, qui se trouve vers la gauche, puisque sa place devient celle des unités; j'ai donc 0,000025 myriamètre.

Observation. Les procédés employés pour ces réductions contiennent l'application de ce qui a été dit plus haut (§. 67, 3), que, dans une série de nombres décimaux, on peut adopter *une place quelconque* comme *place des unités*, ou comme *base* d'une série de chiffres, qui sera exprimée vers la gauche en augmentation successive, par *décuple* de sa valeur, et vers la droite en diminution successive, par *dixième* de sa valeur.

Exemples.

1) 976532,80 mètres; combien font-ils de myriamètres?
2) 45 ares et 9 centiares; combien d'hectares?
3) 496839 centiares; combien de myriares?
4) 45796 centistères; combien de stères?
5) 897564 centilitres; combien de litres font-ils, et combien d'hectolitres?
6) 457 litres et 9 centilitres; combien d'hectolitres?
7) 753674 grammes; combien d'hectogrammes?
8) 9876543 centigrammes; combien de myriagrammes?
9) 123456789 milligrammes; combien de myriagrammes?
10) 8467 milligrammes; combien de myriagrammes?
11) 46798 millimes; combien de francs?

88. Par la transposition de la virgule on trouve aussi

le plus promptement le prix d'un multiple ou d'une subdivision quelconque d'une mesure, d'après le prix donné, soit de son unité, soit d'un de ses multiples ou d'une de ses subdivisions quelconques; mais pour cela il faut employer *en sens inverse* les procédés qui ont été expliqués ci-dessus (§§. 79 et 80, ou 85 à 87), pour la réduction des multiples dans les subdivisions, et réciproquement.

89. Ainsi, pour trouver le prix d'un *multiple*, ou d'une subdivision supérieure, d'après le prix donné de l'unité ou d'une subdivision inférieure, il faut transposer la virgule *vers la droite d'autant de places* que le multiple dont on demande le prix, est distant *vers la gauche* de la place dont on connaît le prix; la raison en est que ce dernier prix doit être multiplié *autant* de fois par 10, ce qui s'effectue par le seul fait de la transposition de la virgule de gauche à droite (§. 76). Par ex. :

Si le gramme d'une marchandise coûte 1,36425 franc combien coûtera le kilogramme? Je dis : la place du *kilo* est distante de *trois* places vers la *gauche* de la place du *gramme;* donc il faut transposer la virgule des *francs* de *trois* places vers la *droite*, et j'aurai 1364,25 fr. pour le prix du kilogramme.

90. On peut procéder pour cela d'une manière plus facile encore, en prononçant successivement sur les chiffres indiqués, les noms de toutes les places intermédiaires, depuis celle dont on connaît le prix, jusqu'à celle dont on demande le prix.

Ainsi, dans l'exemple ci-dessus, je pose le prix du gramme, qui est de 1,36425 franc, et sur le chiffre 1, qui se trouve à la place des unités, et qui, par conséquent, correspond au gramme, je prononce le nom de ce dernier; puis je vais vers la droite, en disant *déca* sur le chiffre 3, *hecto* sur le chiffre 6, et *kilo* sur le chiffre 4, et je pose la virgule à la droite de ce dernier; je trouve donc également pour le prix du kilogramme 1364,25 francs.

91. Si le prix indiqué ne contient pas autant de déci-

males qu'il en faudrait, on supplée à celles manquantes par des zéros ajoutés à droite, et l'on supprime après le dernier la virgule, qui n'aurait plus de but. Par ex. :

Si le décigramme d'un métal vaut 0,25 franc, combien vaudra le kilogramme? Je pose ce nombre, et en allant de gauche à droite, je dis *déci* sur le 0 qui se trouve à la place des unités, *gramme* sur le chiffre 2, et *déca* sur le chiffre 5; puis je continue à dire *hecto* et *kilo*, en posant un zéro à chacun de ces noms, et je supprime la virgule, qui devrait être mise à la droite du dernier, et qui devient superflue; je trouve donc 2500 francs pour le prix du kilogramme.

92. Si, au contraire, le prix indiqué ne contient que des nombres entiers, sans décimales, il suffit d'y ajouter à droite autant de zéros qu'il en faut pour atteindre la place dont on demande le prix. Par ex. :

Si le centilitre d'un liquide coûte 2 centimes, que coûtera l'hectolitre? Je dis *centi* sur ce chiffre, puis je vais de gauche à droite en disant *déci*, *litre*, *déca* et *hecto*, et en posant un zéro à chacun de ces noms; je trouve donc 20000 centimes, soit 200,00 fr. pour le prix de l'hectolitre.

93. Pour trouver, par contre, le prix d'une *subdivision*, d'après le prix donné de l'unité ou d'un de ses multiples, on transpose la virgule *vers la gauche d'autant de places* que la subdivision dont on demande le prix est distante *vers la droite* de la place dont on connaît le prix; la raison en est que ce dernier prix doit être divisé *autant de fois* par 10, ce qui s'effectue par le seul fait de la transposition de la virgule de droite à gauche. Par ex. :

Si le kilogramme d'un métal vaut 2463,75 francs, combien vaudra le gramme? Je dis : la place du *gramme* est distante de *trois* places vers la *droite* de celle du *kilo*; donc il faut transposer la virgule des *francs* de *trois* places vers la *gauche*, et j'aurai 2,46375 francs pour la valeur du gramme.

94. On peut également procéder pour cela d'une ma-

nière plus facile, en prononçant successivement sur les chiffres indiqués les noms des places intermédiaires, comme on l'a vu plus haut (§. 90). Ainsi, dans l'exemple ci-dessus, je pose le prix du kilogramme, qui est de 2463,75 francs, et je prononce son nom sur le chiffre 3, qui, étant à la place des unités, correspond à ce nom; puis je vais vers la gauche, en disant *hecto* sur le chiffre 6, *déca* sur le chiffre 4, et *gramme* sur le chiffre 2, à la droite duquel je mets la virgule, et je trouve donc également 2,46375 francs pour la valeur du gramme.

95. Si le prix indiqué ne contient pas autant de chiffres qu'il en faudrait, on supplée à ceux manquants par des zéros ajoutés à gauche en nombre suffisant pour qu'il s'en trouve un devant la virgule, à la place des unités. Par exemple :

Si le kilogramme d'une marchandise vaut 24 francs, combien vaudra le centigramme? Je pose ce nombre, je prononce *kilo* sur le chiffre 4, qui se trouve à la place des unités, et allant vers la gauche, je dis *hecto* sur le chiffre 2; puis je continue à dire *déca*, *gramme*, *déci* et *centi*, en posant un zéro à chacun de ces noms, et je mets une virgule à la droite du dernier, qui se trouve maintenant être la place des unités; j'ai donc 0,00024 fr. ou 0,024 centime pour la valeur du centigramme.

96. Si le prix indiqué contient des zéros à sa droite, il suffit de les effacer en prononçant sur eux les noms des divisions intermédiaires, et en s'arrêtant à celui qui correspond à la subdivision dont on demande le prix. Par exemple :

Si le kilogramme d'un métal vaut 2000 francs, combien vaudra le décagramme? Je dis *kilo* sur le dernier zéro de droite, et *hecto* sur le suivant vers la gauche, en les effaçant, et je m'arrête au troisième, qui correspond au nom de *déca*; je trouve donc 20 francs pour la valeur du décagramme. Si, au contraire, on demandait celle du gramme, j'effacerais les trois zéros, et j'aurais alors 2 francs.

Addition des décimales.

97. L'addition des nombres décimaux se fait absolument comme celle des nombres entiers, en les écrivant les uns sous les autres, de manière que les places correspondantes se trouvent chaque fois dans une même colonne verticale; il suffit pour cela de faire attention que les virgules soient placées les unes au-dessous des autres, puisqu'elles désignent la place des unités, qui, à son tour, détermine la distance des autres places (§. 67, 5). Si tous les nombres donnés ne contiennent pas autant de décimales les uns que les autres, on y supplée par des zéros ajoutés à droite, ce qui facilite leur mise régulière en colonne, sans rien changer à leur valeur (§. 67, 6); cela fait, on souligne, et l'on additionne comme à l'ordinaire, *sans faire attention à la virgule,* qu'on a soin de mettre alors dans la somme trouvée, à sa place au-dessous de la colonne des virgules.

La démonstration de ce procédé découle du principe général de l'addition, d'après lequel on ne peut ajouter ensemble que des nombres de même espèce, soit des dixièmes à des dixièmes, des centièmes à des centièmes, etc. (§. 22); la somme étant aussi toujours de la même espèce que les nombres qui ont concouru à la former, il est évident que la virgule, qui désigne la place des unités, doit, dans la somme, se trouver également à la droite de cette place, au-dessous des autres virgules. Par ex.

Quelqu'un a dans sa cave cinq tonneaux de vin : le premier contient 7 hectolitres et 78 litres; le second, 9 hectolitres et 9 litres; le troisième, 27 hectolitres et 9 décalitres; le quatrième, 31 hectolitres et 39 litres; le cinquième, 48 hectolitres et 86 litres; combien contiennent-ils ensemble?

Puisque le second nombre ne contient que des hectolitres et des litres, sans décalitres, je remplis la place de ces derniers par un 0, sans quoi les 9 litres deviendraient des décalitres; dans le troisième nombre j'ajoute un zéro à la droite des 9 décalitres, pour remplir la place manquante des litres. Ainsi :

7,76
3,09
27,90
31,39
48,88
125,02

6 + 9 + 9 + 8 litres font 32 litres, soit 2 litres, que je pose, et 3 décalitres que je retiens; ces 3 de retenue + 8 + 3 + 9 + 7 décalitres font 30 décalitres, soit juste 3 hectolitres et point de décalitres; je pose donc un 0 à leur place, et je retiens les 3 hectolitres pour les ajouter aux autres, faisant en tout 125, que je pose dessous; je mets alors la virgule sous les autres virgules, entre la place des décalitres et celle des hectolitres, cette dernière étant considérée ici comme place des unités. J'ai donc en tout 125,02 hectolitres, soit 125 hectolitres et 2 litres.

Quelqu'un a quatre débiteurs : *A* lui doit 971 fr. 9 c.; *B* 485 fr. 89 cent.; *C* 312 fr. 25 millimes; *D* seulement 78 millimes; il désire savoir combien il lui est dû en tout.

A	971,090
B	485,890
C	312,025
D	0,078
	1769,083

Les 9 centimes d'*A* devant se trouver à la seconde place à la droite des francs, je remplis la place des décimes par un 0; chez *C* je pose 0 décime, 2 centimes, 5 millimes; chez *D* 0 franc, 0 décime, 7 centimes, 8 millimes, et je remplis encore chez *A* et *B* la place des millimes par des zéros.

Je commence alors à additionner, comme à l'ordinaire, par la droite, en disant : 8 + 5 millimes = 13 millimes = 3 millimes, que je pose + 1 centime que je retiens; 1 centime de retenue + 7 + 2 + 9 + 9 = 28 centimes = 8 centimes, que je pose + 2 décimes que je retiens; 2 décimes de retenue + 8 = 10 décimes = 1 franc que je retiens, et point de décimes; je pose donc un 0 à leur place, et je mets la virgule; puis j'ajoute le franc retenu aux autres francs, faisant 1769, que je pose dessous, et j'ai donc en tout 1769 francs et 83 millimes, soit 1769 francs 8 centimes et 3 millimes.

Comme toutefois dans la pratique journalière on ne se

sert pas des millimes, on les néglige entièrement lorsqu'il y en a moins de 5, et lorsqu'il y en a plus de 4 on prend un centime de plus. Dans le cas présent, où je n'ai que 3 millimes, je les supprime donc, en disant 1700 francs et 8 centimes; si, au contraire, j'avais 7 millimes, par exemple, je prendrais 1 centime de plus, en mettant 9 centimes (voyez plus loin §. 111).

La preuve se fait de la même manière que pour les nombres entiers.

Exemples sur l'addition des décimales.

1) Un boucher a vendu 4 myriagrammes, 7 kilogrammes, 9 hectogrammes, 27 grammes, 54 centigrammes de bœuf et 4 kilogrammes, 234 grammes, 235 milligrammes de mouton; combien de kilogrammes cela fait-il ensemble?

2) On a distillé trois tonneaux de vin, pour en faire de l'eau-de-vie : le premier contenait 6184 litres, 34 centilitres; le second, 584 litres 85 centilitres, et le troisième 61737 litres 89 centilitres; combien d'hectolitres de vin a-t-on distillé en tout?

3) Quatre personnes font ensemble une mise de fonds: la première verse 56934 fr. 88 cent.; la seconde, 39788 fr. 585 millimes; la troisième, 15627 fr. 615 millimes; la quatrième, 149612 fr. 34 cent.; à combien se montent en tout leurs versements?

4) Deux ouvriers ont entrepris de creuser un fossé: le premier fait 257 mètres 27 centimètres, le second, 192 mètres 679 millimètres, en longueur; quelle est la longueur totale de ce fossé?

5) Un adjudicataire de coupes a fait façonner 1326 stères 64 centistères de hêtre, 924 stères 9 centistères de charme et 6954 stères 19 centistères de chêne; combien de stères cela fait-il en tout?

6) Un piéton fait le premier jour 15964 mètres 5 décimètres de chemin, pour aller de son village dans un village voisin; le lendemain il fait encore 9782 mètres,

pour aller dans un village situé plus loin ; le troisième jour il rentre chez lui, en repassant par le même chemin ; combien de mètres aura-t-il fait en tout ?

7) Ajoutez 695 litres 73 centilitres + 61 litres 75 millilitres + 9 litres 865 millilitres + 73 litres 692 millilitres ; combien de litres cela fait-il ?

8) Un ouvrier gagne le premier mois 84 fr. 69 cent., le second mois 65 fr. 45 cent., et le troisième mois 60 fr. 87 cent. ; combien a-t-il gagné pendant ces trois mois ?

9) 934 mètres 87 millimètres + 65 mètres 96 millimètres + 56701 mètres 9 centimètres + 10001 mètres 95 centimètres + 371 mètres 96 centimètres ; combien de mètres ou combien de kilomètres cela fait-il en tout ?

Soustraction des décimales.

98. La soustraction des nombres décimaux se fait absolument comme celle des nombres entiers ; on pose le plus petit nombre sous le plus grand, de manière que les places correspondantes se trouvent les unes au-dessous des autres, et il suffit pour cela de faire attention que les virgules soient placées l'une sous l'autre, comme il a été dit pour l'addition (§. 97). Si l'un des deux nombres ne contient pas autant de décimales que l'autre, il convient de remplir les places manquantes par des zéros, pour la facilité de l'opération ; mais cela n'est pas indispensable, puisque les zéros sont toujours sous-entendus à la droite d'un nombre décimal, lorsqu'il y manque des chiffres significatifs.

On souligne alors les deux nombres, et on fait la soustraction comme s'ils étaient des nombres entiers, *sans avoir égard à la virgule*, en ayant seulement soin de la poser dans le reste trouvé, au-dessous de la place où elle est dans les nombres donnés. La démonstration de ce procédé est la même que pour l'addition des décimales. Par ex. :

Quelqu'un avait 78 hectolitres 7 litres de vin ; il en vend 59 hectolitres 19 litres ; combien lui en restera-t-il ?

Hectol.
78,07
59,19
18,88

Je dis 9 litres de 7 ne se peut, mais 9 de 17 (§. 29) reste 8; 1 de retenue et 1 font 2, de 10 reste 8; 1 de retenue et 9 font 10, de 18 reste 8; 1 de retenue et 5 font 6, de 7 reste 1; je mets la virgule sous les autres et j'ai donc pour reste 18 hectolitres et 88 litres, les hectolitres étant considérés ici comme unités.

La preuve se fait de même que pour les nombres entiers.

Exemples sur la soustraction des décimales.

1) En l'année 1817 un pain de 15 hectogrammes coûtait 1 fr. 5 cent.; en l'année 1819 il ne coûtait que 98 cent.; quelle est la différence?

2) Un marchand de vin achète 15 hectolitres 87 litres de vin et il en revend 3 hectolitres 834 décilitres; combien lui en restera-t-il?

3) Un tisserand a reçu, pour en faire de la toile, 35 hectogrammes 47 grammes 3 décigrammes de fil; il n'en a employé que 31 hectogrammes 85 décigrammes 24 milligrammes; combien d'hectogrammes doit-il en rapporter?

4) Un propriétaire achète 59 hectares 7 ares 9 centiares de terre; il en cède 29 hectares 87 ares 29 centiares à son voisin; combien d'hectares lui en reste-t-il?

5) Retranchez 27 fr. 288 millimes de 32 fr. 27 cent., combien reste-t-il?

6) Un marchand avait acheté des marchandises pour 1524 fr. 25 cent.; il les revend 1487 fr. 67 cent.; combien y a-t-il perdu?

7) Un ouvrier doit faire 217 mètres 30 centimètres de rubans; il n'en a fait que 98 mètres 7 décimètres; combien lui en reste-t-il à faire?

8) Un marchand de vin veut remplir un tonneau de la contenance de 2584 litres avec deux qualités différentes de vin; il y en a versé 1729 litres 37 centilitres d'une qualité; combien lui en faudra-t-il encore de l'autre?

9) Un marchand de bois avait dans son hangar 6605

stères de bois de chauffage; il en a vendu 967 stères 7 décistères; combien lui en reste-t-il ?

10) Un fabricant avait acheté pour sa provision d'hiver 87 stères 4 décistères de bois; il en a brûlé 59 stères 9 décistères; combien en a-t-il encore en provision ?

11) Paul a 534 francs 30 cent. de revenu; Pierre en a 487 fr. 49 cent.; combien Paul en a-t-il de plus que Pierre ?

12) Un marchand épicier avait en magasin 5 myriagrammes 7 kilogrammes 8 hectogrammes 3 décagrammes 7 grammes 6 décigrammes de sucre; il en a vendu 9 kilogrammes 8 hectogrammes 3 décagrammes 6 grammes 7 décigrammes 9 centigrammes; combien d'hectogrammes lui en reste-t-il ?

Multiplication des décimales.

90. La multiplication des nombres décimaux se fait comme celle des nombres entiers, *sans avoir égard à la virgule*, soit qu'il y ait des décimales dans l'un ou dans l'autre facteur, soit qu'il y en ait dans tous les deux; lorsque la multiplication est achevée, on sépare à la droite du produit, au moyen d'une virgule, *autant* de chiffres qu'il y a de *décimales* dans les *deux* facteurs. Si ce produit ne contient pas assez de chiffres, on y supplée par des zéros ajoutés à sa gauche en nombre suffisant pour qu'il s'en trouve un devant la virgule à la place des unités. Par exemple :

Soit à multiplier 37,45 par 36,4.

```
  37,45
   36,4
 ------
  14980
 22470
11235
-------
1363,180
```

Je procède comme si j'avais à multiplier 3745 par 364, et je trouve 1363180 pour produit. Mais en effaçant la virgule dans le multiplicande, je l'ai rendu 100 fois plus grand, puisqu'il contient *deux* décimales (§. 78), et par conséquent le produit est devenu par là 100 fois trop grand; il doit donc de nouveau être divisé par 100; ce que j'effectue en séparant à sa droite *deux* chiffres par une virgule (§. 83), et ce qui me donne 13631,80.

Mais en effaçant aussi la virgule dans le multiplicateur, je l'ai rendu de son côté 10 fois plus grand, puisqu'il contient *une* décimale, et par conséquent le produit est également devenu par là 10 fois trop grand; il doit donc encore être divisé par 10, ce que j'effectue en transposant la virgule d'une place vers la gauche (§. 81), et ce qui me donne 1363,180. J'ai donc maintenant séparé en tout *trois* chiffres par la virgule, c'est-à-dire juste *autant* qu'il y a de décimales dans les *deux* facteurs. Mais comme le 0 à la droite de ce produit n'a pas de valeur, je le supprime et j'écris 1363,18.

Soit à multiplier 0,46 par 0,03.

$$\begin{array}{r} 0{,}46 \\ \underline{0{,}03} \\ 0{,}0138 \end{array}$$

En multipliant 46 par 3, je trouve 138, et comme les deux facteurs ont ensemble quatre décimales, je dois séparer quatre chiffres par une virgule, tandis que ce produit n'en a que trois; j'ajoute donc un zéro à sa gauche et je mets la virgule, à gauche de laquelle je pose encore un zéro pour remplir la place des unités.

100. De même qu'un nombre multiplié par *dix* devient dix fois *plus grand*, de même un nombre multiplié par un *dixième* devient dix fois *plus petit*.

En considérant les multiplications ci-après, on voit que

$$\begin{array}{r} 1 \\ \underline{0{,}1} \\ 0{,}1 \end{array}$$

un multiplié par *un dixième* produit *un dixième*, puisque au lieu de prendre l'unité une fois, je n'en ai pris que la dixième partie; de même que

$$\begin{array}{r} 0{,}1 \\ \underline{0{,}1} \\ 0{,}01 \end{array}$$

un dixième multiplié par *un dixième* produit *un centième*, et que

$$\begin{array}{r} 0{,}1 \\ \underline{0{,}01} \\ 0{,}001 \end{array}$$

un dixième multiplié par *un centième*, produit *un millième*, puisque je ne prends que la dixième ou la centième partie d'un dixième.

On voit donc que le produit de la multiplication des nombres décimaux devient toujours plus petit que chaque facteur individuellement, et cela explique également comment il se fait qu'il faille séparer à la droite de ce produit autant de chiffres qu'il y a de décimales dans les *deux facteurs*. (Voyez plus loin, §. 149.)

La preuve se fait de même que pour les nombres entiers.

Exemples sur la multiplication des décimales.

1) Quelqu'un achète 47 stères 9 décistères de bois à 13 fr. 45 cent. le stère ; combien aura-t-il à payer ?

2) Un cordonnier fournit 9 paires de souliers à 7 francs 25 centimes la paire ; combien recevra-t-il d'argent ?

3) Un ouvrier a travaillé 15 jours à raison de 4 francs 50 cent. par jour ; combien lui est-il dû ?

4) Pour creuser un fossé, on a employé 38 ouvriers, dont chacun a fait 8 mètres 50 centimètres en longueur ; combien de mètres ont-ils fait en tout ?

5) Si un litre de vin coûte 65 centimes, combien coûteront 10 litres ?

6) Une chemise coûte à blanchir 25 centimes ; combien coûteront 4 douzaines ?

7) S'il faut 2 mètres 85 centimètres de toile pour faire une chemise, combien en faudra-t-il pour 3 douzaines ?

8) Un tourneur fournit 128 douzaines de moules à boutons, à 25 millimes la douzaine ; combien lui revient-il ?

9) On a fait faire une douzaine de couvertures, dont chacune contient 6,454 mètres d'étoffe ; combien en a-t-on employé pour les 12 ensemble ?

10) Un marchand de vin vend 7 hectolitres et 5 décilitres de vin, à 17 fr. l'hectolitre ; combien en retire-t-il ?

11) Un boucher a entrepris la fourniture de la viande à l'hôpital, à raison de 645 millimes le kilogramme ; il en fournit journellement 49 kilogrammes 654 grammes 45 centigrammes ; quelle somme lui devra-t-on à la fin d'un mois, compté à 30 jours ?

12) Le kilogramme d'une marchandise coûte 4 fr. 58 c. ; combien coûteront 7 kilogrammes 75 décagrammes ?

13) Si 1 kilogramme d'indigo vaut 7 fr. 5 cent., combien vaudront 6 kilogrammes et 8 hectogrammes ?

14) Si 1 kilogramme de café coûte 2 fr. 35 cent., combien coûteront 150 kilogrammes et 7 hectogrammes?

15) Si l'on paie 31 fr. 15 cent. pour 1 kilogramme de cochenille, combien paiera-t-on pour 45 kilogrammes et 7 décagrammes?

16) Combien coûteront 15 kilogrammes et 9 décagrammes d'une marchandise dont le kilogramme coûte 107 fr. 95 cent.?

101. Lorsque, dans un exemple, il s'agit de trouver le montant en argent d'un certain nombre de mesures métriques d'après un prix indiqué qui n'est pas celui d'une de ces mesures mêmes, mais celui d'un de leurs multiples ou d'une de leurs subdivisions, on emploie l'un des procédés ci-après :

On commence par réduire les mesures données dans leur multiple ou leur subdivision dont on connaît le prix, selon les procédés indiqués plus haut (§§. 79 et 80 ou 85 à 87); ou bien on commence par chercher le prix d'une des mesures données d'après le prix connu de leur multiple ou de leur subdivision, selon les procédés indiqués plus haut (§§. 88 à 96); cela fait, on multiplie alors d'après la règle donnée ci-dessus (§. 99).

On peut aussi faire d'abord la multiplication des deux données telles qu'elles sont, et dans ce cas on obtient pour produit le montant du nombre donné de multiples ou de subdivisions dont on connaît le prix; pour trouver alors le montant du même nombre de mesures demandées, on opère sur ce produit d'après les procédés indiqués plus haut (§§. 88 à 96). Par ex. :

Si 1 hectolitre de vin coûte 63 francs, combien coûteront 45 litres? Je commence par réduire ces litres en hectolitres, produisant 0,45 hectolitre, que je multiplie ensuite par les 63 francs, et je trouve 28,35 francs; ou bien je cherche le prix du litre, faisant 63 centimes, par lesquels je multiplie les 45 litres, et je trouve 2835 centimes, soit également 28,35 francs. Mais je puis aussi multiplier de suite 45 par les 63 francs, produisant 2835 fr., qui forment le montant de 45 hectolitres, et qui donnent encore 28,35 francs pour le montant de 45 litres.

Cette dernière manière de procéder est même la plus facile et la plus usitée.

Exemples.

1) Si 1 myriagramme coûte 25 francs 75 cent., combien coûteront 9 hectogrammes ?

2) Si 1 myriagramme coûte 73 francs 75 cent., combien coûteront 5 hectogrammes et 5 grammes ?

3) Si 1 hectolitre de vin coûte 36 francs 40 cent., combien coûteront 83 litres ?

4) Combien paiera-t-on pour 25 grammes 3 décigrammes, si pour 1 kilogramme on paie 354 francs 20 cent. ?

Division des décimales.

102. La division des nombres décimaux se fait par les mêmes procédés que celle des nombres entiers ; mais avant de l'effectuer, il faut observer les règles suivantes :

Si le diviseur contient autant de décimales que le dividende, on efface la virgule dans les deux, et ainsi on les a multipliés par le même nombre (§§. 49 et 78).

103. Si le dividende contient plus de décimales que le diviseur, on efface la virgule dans ce dernier, et l'on transpose celle du dividende vers la droite, d'autant de places que le diviseur avait de décimales, et ainsi l'on a également multiplié les deux par le même nombre (§§. 49, 76 et 78).

104. Si le diviseur, au contraire, contient plus de décimales que le dividende, on supplée à celles manquantes dans ce dernier, par des zéros ajoutés à sa droite, afin que l'un en contienne autant que l'autre, puis on efface la virgule dans les deux (§. 102).

105. Si le diviseur seul contient des décimales, et que le dividende n'en a point, on ajoute à la droite de celui-

ci autant de zéros que le diviseur a de décimales, et l'on efface la virgule.

106. Si, au contraire, le dividende seul a des décimales, et que le diviseur n'en contient pas, il n'y a rien à y changer, le but des diverses règles ci-dessus étant de faire disparaître les décimales du diviseur, ce qui est nécessaire pour la facilité de la division.

107. Si, après ces modifications préalables, il ne reste plus de décimales au dividende (comme aux §§. 102, 104 et 105), on effectue la division comme pour des nombres entiers, et l'on trouve aussi des nombres entiers pour quotient, le diviseur et le dividende étant devenus des nombres entiers par les modifications qu'on y a faites.

Si, au contraire, le dividende contient encore des décimales, on commence par diviser, comme à l'ordinaire, les nombres entiers à la gauche de la virgule; puis on passe aux décimales, en observant seulement de mettre au quotient une virgule, *avant d'abaisser la première décimale du dividende* à côté du reste des nombres entiers, puisque par là ce reste est changé en dixièmes, et qu'il donne donc aussi pour quotient des dixièmes, qui doivent être séparés par une virgule d'avec les nombres entiers. Cela fait, on continue alors la division jusqu'à ce que la dernière décimale du dividende ait été abaissée.

108. Lorsque le diviseur se trouve être plus grand que les nombres entiers du dividende, et qu'il n'y est donc pas contenu, on pose un zéro au quotient, on met une virgule à côté, et l'on prend, dans le dividende, la première décimale avec les nombres entiers pour premier dividende partiel; on a par là des dixièmes, qui donnent donc aussi pour quotient des dixièmes, qu'on écrit à leur place, à la droite de la virgule; mais si le diviseur se trouvait encore être plus grand que ce dividende partiel composé de dixièmes, on poserait un zéro au quotient après la virgule, et l'on joindrait la seconde décimale au dividende partiel, qui devient alors des centièmes, et donne

au quotient des centièmes, qui doivent se trouver à la seconde place, à la droite de la virgule. Cela fait, on continue la division jusqu'à la dernière décimale, comme il a été dit ci-dessus (§. 107).

109. Quand le diviseur est composé d'un nombre entier, ayant à sa droite un ou plusieurs zéros, on les supprime en les barrant, et si le dividende contient des décimales, on y transpose la virgule d'autant de places vers la gauche qu'on a supprimé de zéros dans le diviseur; si, au contraire, le dividende n'a point de décimales, on sépare à sa droite, par une virgule, autant de chiffres que de zéros supprimés au diviseur, et ainsi le diviseur et le dividende se trouvent divisés par le même nombre (§§. 49, 83 et 84). Cela fait, on effectue la division comme il a été dit plus haut (§§. 107 et 108).

La preuve se fait aussi de même que pour les nombres entiers.

Exemples.

1) 17955,08 : 37,96 = 1795508 : 3796 = 473.
2) 17955,08 : 3,796 = 17955080 : 3796 = 4730.
3) 1795508 : 37,96 = 179550800 : 3796 = 47300.
4) 17,95508 : 3,796 = 17955,08 : 3796 = 4,73.
5) 179,5508 : 379,6 = 1795,508 : 3796 = 0,473.

Dans l'exemple n.° 1 j'efface les deux virgules, et j'ai à diviser les nombres entiers 1795508 par 3796, dont le quotient est le nombre entier 473.

Dans l'exemple n.° 2 j'efface la virgule du diviseur, qui par là devient 1000 fois plus grand; il faut donc aussi rendre le dividende 1000 fois plus grand, en y ajoutant un zéro à droite et en y effaçant alors la virgule. J'ai donc à diviser 17955080 par 3796, et le quotient est 4730.

Dans l'exemple n.° 3 j'efface la virgule du diviseur, et j'ajoute deux zéros à la droite du dividende; par là l'un et l'autre deviennent 100 fois plus grands. J'ai maintenant à diviser 179550800 par 3796, et le quotient est 47300.

Dans l'exemple n.° 4 j'efface la virgule du diviseur et

je la transpose dans le dividende de trois places vers la droite; par là l'un et l'autre deviennent 1000 fois plus grands. J'ai alors à diviser 17955,08 par 3796, et je commence par examiner combien de fois ce dernier nombre est contenu dans les 17955 entiers du dividende, soit 4 fois; je pose donc 4 au quotient, je mets une virgule à côté et je fais la soustraction, donnant 2771 pour reste, à côté duquel j'abaisse le 0 de la place des dixièmes du dividende; j'ai maintenant 27710 dixièmes à diviser par 3796, donnant 7 dixièmes pour quotient et 1138 pour reste, à côté duquel j'abaisse les 8 centièmes du dividende; j'ai donc encore 11388 centièmes à diviser par 3796, donnant 3 centièmes pour quotient, sans reste. Ainsi 17,95508 divisé par 3,796 fait 4,73.

Dans l'exemple n.° 5 j'efface la virgule du diviseur et je transpose celle du dividende d'une place vers la droite; par ce moyen l'un et l'autre deviennent 10 fois plus grands. J'ai donc maintenant à diviser 1795,508 par 3796, et je commence par examiner combien de fois ce dernier nombre est contenu dans les 1795 entiers du premier; mais comme il n'y est pas contenu, je pose un zéro au quotient, je mets une virgule à côté, et je prends les 5 dixièmes du dividende avec les 1795 entiers, ce qui fait 17955 dixièmes à diviser par 3796, donnant pour quotient 4 dixièmes, que je pose à côté de la virgule, et pour reste 2771; avec ce reste je continue alors la division comme ci-dessus, à l'exemple n.° 4, et j'obtiens 0,473 pour quotient. Ainsi 179,5508 divisé par 379,6 fait 0,473.

110. En divisant un nombre par 10, le quotient devient *dix fois plus petit* que le dividende; en le divisant par 1, le quotient est *égal* au dividende, puisque 1 y est contenu autant de fois que le nombre lui-même l'indique; mais en le divisant par 1 dixième, il est évident que le quotient doit devenir *dix fois plus grand* que le dividende, puisque 1 dixième est contenu 10 fois dans chaque unité que contient ce nombre.

On saisira plus facilement cette conséquence en examinant les divisions ci-après, faites d'après les règles données plus haut :

$$1 : 0{,}1 = 10 : 1 = 10.$$
$$1 : 0{,}01 = 100 : 1 = 100.$$
$$0{,}1 : 0{,}1 = 1 : 1 = 1.$$
$$0{,}1 : 0{,}01 = 10 : 1 = 10.$$

On voit par là que 1 unité divisée par 1 dixième, donne 10 unités ; 1 unité divisée par 1 centième, donne 100 unités ; 1 dixième divisé par un dixième, donne 1 unité ; 1 dixième divisé par 1 centième, donne 10 unités, etc. (voyez plus loin §. 154).

111. Lorsque, à la fin d'une division de nombres entiers, on trouve un reste, on peut la continuer au moyen de zéros ajoutés successivement au reste, et l'on obtient par là au quotient des décimales, qu'on sépare d'avec les nombres entiers par une virgule, qu'il faut avoir soin d'y mettre chaque fois *avant d'ajouter le premier zéro au reste des nombres entiers*. On continue par ce moyen la division jusqu'à ce qu'on trouve un quotient exact, ou, à défaut, jusqu'à ce qu'on ait poussé l'exactitude aussi loin qu'on le désire, par un nombre suffisant de décimales. Ce procédé se nomme l'*approximation du quotient*. Par ex. :

Soit 1371 à diviser par 26.

1371	26
71	52,7307 ou 52,731
190	
80	
200	
18	

En faisant la division comme à l'ordinaire, je trouve 52 entiers pour quotient, et 19 pour reste ; pour continuer alors la division, je mets au quotient une virgule à la droite du chiffre 2, soit de la place des unités, et j'ajoute un 0 à la droite du reste 19 ; j'obtiens par là 190 dixièmes, qui, divisés par 26, donnent pour quotient 7 dixièmes, et pour reste 8, à la droite duquel j'ajoute de nouveau un 0 ; j'ai alors 80 centièmes à diviser par 26, donnant pour quotient 3 centièmes, et pour reste 2, à la droite duquel j'ajoute encore un 0; j'ai maintenant 20 millièmes, et comme le diviseur 26 n'y est pas contenu, je pose un 0 au quotient. Je pourrais alors convenablement négliger ce dernier reste; car dans la pratique journalière on n'a pas besoin d'aller au delà des millièmes; si cependant je désire une exactitude plus grande, j'examine quel serait le prochain chiffre du quotient en ajoutant encore un zéro au dernier reste, et si ce chiffre est plus fort que 4, j'augmente le dernier chiffre actuel du quotient de 1 unité, ainsi qu'il a déjà été expliqué à l'addition des décimales pour les infinités (§. 97, p. 58). En ajoutant donc un 0 au dernier reste 20, j'aurais 200 dix-millièmes, qui, divisés par 26, donneraient 7 dix-millièmes pour quotient; je prends donc 1 millième de plus, et je trouve 1371 : 26 = 52,731 ce qui est plus exact que 52,730.

On procède de la même manière, lorsque le dividende contient des décimales, et lorsque, après avoir abaissé la dernière décimale, on trouve un reste. Il suffit alors, pour continuer la division, d'ajouter successivement autant de zéros qu'on veut aux restes qu'on peut trouver, et comme il y a déjà une virgule au quotient, il n'est plus nécessaire d'y en mettre une, puisque les décimales qu'on obtient par cette division ainsi continuée, se rangent tout naturellement à la droite de celles qui se trouvent déjà au quotient.

112. Lorsque, dans une division de nombres entiers, le diviseur est plus grand que le dividende, on procède de la manière suivante : on commence par ajouter successivement des zéros à la droite du dividende, jusqu'à ce que la division devienne possible, et pour chacun d'eux on pose aussi un zéro au quotient (selon §. 108), en mettant une virgule à la droite du premier, qui se trouve être à la place des unités. Cela fait, on continue la division autant qu'on le demande, au moyen de nouveaux zéros ajoutés successivement aux restes, comme il a été dit ci-dessus (§. 111). Par ex. :

Soit 8 à diviser par 2354.

8	2354
80	0,00339 soit 0,0034.
800	
8000	
9380	
23180	
1994	

Mais on peut aussi ajouter en une seule fois, à la droite du dividende, autant de zéros qu'il en faut pour pouvoir effectuer la division, et l'on pose alors de suite au quotient un pareil nombre de zéros, en désignant le premier, comme place des unités, par une virgule mise à sa droite; cela fait, on continue la division comme ci-dessus, au moyen de nouveaux zéros ajoutés successivement. D'après cela, on poserait de suite pour l'exemple précité 8 : 2354

8000	2354
9380	0,00339 soit 0,0034.
23180	
1994	

ce qui abrégerait d'autant l'opération.

Exemples sur la division des décimales.

1) Quatre héritiers ont à partager entre eux une somme de [illegible]634 francs 86 cent. par portions égales; combien reviendra-t-il à chacun?

2) 89 ouvriers ont creusé un fossé de 634 mètres 36 centimètres de long; combien de mètres chaque ouvrier a-t-il fait?

3) On a payé 169 francs pour 37 paires de souliers; à combien revient la paire?

4) Cinq personnes ont acheté ensemble des vignes, qui ont donné à la vendange 48 hectolitres 64 litres 8 décilitres de vin; combien d'hectolitres revient-il à chacune d'elles?

5) On a payé 638 francs 54 cent. pour 98 mètres 25 centimètres d'étoffe; à combien revient le mètre?

6) Des ouvriers ont entrepris de creuser un fossé à raison de 8,75 francs le mètre; combien de mètres feront-ils pour 259,87 francs?

7) On a payé 3584 francs 29 cent. pour 437 stères 25 centistères de bois; à combien revient le stère?

8) 9 ouvriers ont fait ensemble 37 mètres 27 centimètres d'ouvrage, à raison de 5 francs 20 cent. le mètre; combien reviendra-t-il à chacun?

9) On a acheté du drap pour 234 francs, à raison de 5,85 francs le mètre; combien y avait-il de mètres?

10) On a payé 145000 fr. pour 27 hectares 87 ares de terre; à combien revient l'hectare?

11) On a payé 27 francs pour le blanchiment de 134 mètres 9 centimètres de toile écrue, à combien revient le mètre?

12) On a payé 600 francs pour 13 hectolitres 36 litres 25 centilitres de vin; à combien revient l'hectolitre?

13) Quelqu'un peut dépenser 1360 francs par an; combien cela fait-il par jour, l'année comptée à 365 jours?

14) On a payé 35 francs pour 81 bottes de paille; à combien revient la botte?

15) Si 100 kilogrammes de sucre coûtent 187 francs, combien coûtera le kilogramme?

16) Si quelqu'un dépense dans 2 semaines 42 fr. 28 c., combien cela fait-il par jour?

17) On a obtenu 87 litres de fèves pour 17 francs; combien en aura-t-on pour 1 franc?

18) Si l'on paie 2 francs 25 cent. pour 36 mètres de rubans, combien en aura-t-on pour 1 franc?

19) Si 35 kilogrammes 45 décagrammes d'une marchandise coûtent 758 francs, combien coûte le kilogramme?

20) Si l'on obtient 100 kilogrammes de chanvre pour 75 francs 80 cent., à combien revient le kilogramme?

113. Lorsqu'il s'agit de trouver le prix d'une mesure métrique, d'après le montant indiqué en argent d'un certain nombre de ses multiples ou de ses subdivisions, on

procède comme il a été dit pour la multiplication des décimales (§. 101). Par ex. :

Si 74 litres 4 centilitres coûtent 14,40078 francs, combien coûtera un hectolitre ?

Solution. Je commence par chercher le prix *d'un litre*, en divisant comme à l'ordinaire, mais en poussant l'approximation du quotient jusqu'à la quatrième ou cinquième décimale au moins, puisque le prix de l'hectolitre est cent fois plus grand que celui du litre. J'ai donc : 14,40078 : 74,04 = 1440,078 : 7404 = 0,1945 franc pour prix du litre, faisant 19,45 francs pour prix de l'hectolitre. J'obtiendrais le même résultat en commençant par réduire en hectolitres les 74,04 litres, faisant 0,7404 hectolitre; j'aurais donc : 14,40078 : 0,7404 = 144007,8 : 7404 = 19,45 fr.

Exemples.

1) Si 7,45 myriagrammes de chanvre coûtent 80 fr. 25 c., combien coûtera 1 hectogramme ?

2) Pour 8 francs on a obtenu 10 kilogrammes de chanvre ; combien de décagrammes en aura-t-on pour 1 franc ?

3) Combien coûtera 1 gramme, si 3 hectogrammes ont coûté 25 francs 60 cent. ?

4) Combien coûtera 1 hectare de terre, si 75 ares 20 centiares ont coûté 2545 francs 80 cent. ?

IV. Des fractions ordinaires.

114. On a vu plus haut (§§. 58 et 59) qu'on peut diviser chaque objet ou chaque unité en autant de parties égales, ou du moins se le représenter divisé en autant de parties égales qu'on veut, et que si l'on prend seulement une ou plusieurs de ces parties, on a une *fraction*. Une fraction est donc un nombre qui exprime une quantité *plus petite que l'unité*.

115. On écrit une fraction au moyen de deux nombres, placés l'un au-dessous de l'autre, et séparés par un trait horizontal, comme signe de la division. Ainsi : sept huitièmes $= \frac{7}{8}$; trois cinquièmes $= \frac{3}{5}$; un seizième $= \frac{1}{16}$.

116. Le nombre supérieur s'appelle le *numérateur*, et le nombre inférieur, le *dénominateur*; les deux nombres s'appellent *les deux termes* de la fraction. Le dénominateur indique *en combien de parties l'unité est partagée*, ou combien il faut de ces parties pour composer l'unité ; il est ainsi appelé, parce que c'est lui qui *dénomme* les parties, en exprimant leur valeur, et qui donne le *nom* à la fraction. Le numérateur indique *combien la fraction contient de ces parties;* il est ainsi appelé parce qu'il les *dénombre* ou les *compte*. Ainsi, dans la fraction $\frac{7}{8}$, le dénominateur 8 indique que l'unité a été partagée en huit parties égales, et que chacune de ces parties vaut donc un huitième de l'unité ; le numérateur 7 indique que la fraction contient *sept* de ces parties, soit sept huitièmes.

117. Pour lire une fraction écrite en chiffres, on énonce d'abord son numérateur, puis son dénominateur, en ajoutant à ce dernier la terminaison *ième;* ainsi, la fraction

$\frac{7}{8}$ s'énonce : sept hui*tièmes*;
$\frac{3}{5}$ — trois cinqu*ièmes*;
$\frac{1}{16}$ — un seiz*ième*;

comme on l'a vu plus haut (§. 115).

Les fractions qui ont pour dénominateur 2, 3 ou 4, font seules exception à cette règle, en ce qu'on dit :

$\frac{1}{2}$ un *demi* (ou la *moitié*), $\frac{1}{3}$ un *tiers*, $\frac{1}{4}$ un *quart*.

118. En partageant 1 entier en 2 parties égales, *une* de ces parties est $\frac{1}{2}$, ou la *deuxième* partie d'*un* entier.

En partageant 1 entier en 3 parties égales, *une* de ces parties est $\frac{1}{3}$, ou la *troisième* partie d'*un* entier ; $\frac{2}{3}$ sont *deux* fois la troisième partie d'*un* entier, ou aussi la troisième partie de *deux* entiers.

On voit par là qu'une fraction n'est autre chose au fond qu'une division qu'on ne peut ou qu'on ne veut pas effectuer en réalité, et qu'on écrit sous la forme fractionnaire, de manière que le numérateur représente le *dividende*, et le dénominateur, le *diviseur*. Cela doit nécessairement avoir lieu *chaque fois que le dividende est plus petit que le diviseur*, puisque alors la division ne peut pas se faire autrement, à moins de l'effectuer par des décimales d'après le procédé indiqué au §. 112 (voyez aussi §. 125). Ce cas se présente à la fin de chaque division de nombres entiers, qui ne donne pas de quotient exact, puisque le reste est toujours plus petit que le diviseur; on prend alors ce reste pour numérateur d'une fraction, qu'on écrit au quotient, en lui donnant le diviseur pour dénominateur. Par ex. : Soit 27 : 4.

$\begin{array}{r|l} 27 & 4 \\ \hline 3 & 6\frac{3}{4} \end{array}$ On voit que, dans cette division, le reste 3 ne peut pas être divisé par 4, autrement que sous forme d'une fraction.

119. Lorsque le numérateur d'une fraction est plus petit que son dénominateur, c'est une *fraction proprement dite*, moindre que l'unité. Lorsque le numérateur est égal au dénominateur, c'est l'unité mise sous la *forme fractionnaire*. Lorsque le numérateur est au contraire plus grand que le dénominateur, c'est une *expression fractionnaire*, plus grande que l'unité.

On comprend vulgairement ces trois espèces de nombres fractionnaires sous le nom générique de *fraction*.

120. Une expression fractionnaire contient autant de fois l'unité entière, que son dénominateur est contenu de fois dans son numérateur, puisqu'elle contient autant de fois toutes les parties qui composent 1 unité. Ainsi, lorsque le numérateur est le double, le triple, le quadruple, etc., du dénominateur, la fraction contient 2, 3, 4, etc., unités. Pour trouver combien d'entiers sont contenus dans une expression fractionnaire, il faut donc diviser son numérateur par son dénominateur. Le quotient indique ces entiers; et s'il y a un reste, il est le numérateur d'une nouvelle fraction, ayant le précédent dénominateur, qu'on joint au quotient, comme on l'a vu ci-dessus (§. 118). P. ex. :

Combien d'entiers contient l'expression $\frac{209}{6}$? Je dis : autant de fois 6 sixièmes sont contenus dans 209 sixièmes, autant il y a d'entiers. Je divise donc 209 par 6, donnant pour quotient 34 entiers, et pour reste 5 sixièmes, que je joins aux entiers sous forme d'une nouvelle fraction, soit $34\frac{5}{6}$.

On appelle communément cette manière d'opérer : *extraire les entiers d'une fraction.*

Exemples. Combien d'entiers contiennent les expressions fractionnaires ci-après?

1) $\frac{375}{4}$; 2) $\frac{971}{3}$; 3) $\frac{1278}{5}$.

121. Pour mettre un nombre entier sous la forme fractionnaire, avec un dénominateur donné, on multiplie ce dénominateur par le nombre entier, et le produit est alors le numérateur. Par ex. :

Combien de quarts font 8 entiers? Je dis : 1 entier a 4 quarts, donc 8 entiers font 8 fois 4, soit 32 quarts $= \frac{32}{4}$.

122. Un nombre entier, accompagné d'une fraction, se nomme un *nombre mixte* ou *fractionnaire*, comme $8\frac{3}{4}$ ou $12\frac{7}{8}$.

123. Pour réduire un pareil nombre en une expression fractionnaire équivalente, on multiplie le nombre entier par le dénominateur de la fraction (§. 121); on ajoute au produit le numérateur de cette fraction, et l'on écrit la somme trouvée comme numérateur, en lui donnant pour dénominateur celui de la fraction. Par ex. :

$34\frac{5}{6}$, combien cela fait-il de sixièmes? Je dis : 1 entier a 6 sixièmes, donc 34 entiers font 34 fois 6 sixièmes; ainsi, j'aurais à multiplier 6 par 34; mais puisqu'il est plus commode de multiplier 34 par 6 (§. 37), je dis : 6 fois 34 font 204, plus 5 sixièmes, font ensemble 209 sixièmes, et au lieu de $34\frac{5}{6}$ j'ai maintenant $\frac{209}{6}$, comme on l'a vu ci-dessus (§. 120), soit :

$$34\frac{5}{6} = \frac{34 \times 6}{6} + \frac{5}{6} = \frac{204}{6} + \frac{5}{6} = \frac{209}{6}.$$

124. Les *fractions décimales* sont celles dont le dénominateur est le chiffre 1, accompagné d'un ou de plusieurs zéros; ainsi, $\frac{4}{10}$, $\frac{6}{100}$, $\frac{425}{1000}$, $\frac{3675}{10000}$, $\frac{546}{100}$, etc., sont des fractions décimales, qu'on peut considérer comme autant de divisions écrites sous la forme fractionnaire (§. 118). Si maintenant on effectue en réalité la division du numérateur par le dénominateur, ce qui ne peut toutefois avoir lieu que par les procédés du calcul décimal (d'après les

règles données aux §§. 83 et 84), on obtient les quotients sous la forme suivante : 0,4 ; 0,06 ; 0,425 ; 0,3675 ; 5,46 ; et l'on voit clairement par là que les *fractions décimales* ne sont autre chose que les *nombres décimaux*, dont il a été parlé plus haut (III, §§. 58 à 113). On voit aussi que, pour écrire ces fractions sous la forme *décimale*, il suffit de séparer, par une virgule, à la droite du numérateur, *autant* de chiffres que le dénominateur contient de zéros ; ou, si le numérateur ne contient pas assez de chiffres pour céla, de suppléer à ceux manquants par des zéros ajoutés à sa gauche, en nombre suffisant pour qu'il y en ait un à la gauche de la virgule, afin de remplir la place des unités.

125. Pour convertir une fraction ordinaire en une fraction décimale équivalente, on divise le numérateur par le dénominateur, d'après le procédé décimal, au moyen de zéros ajoutés successivement (§. 112). Par ex. :

Quelle est la fraction décimale équivalente à $\frac{3}{4}$? J'ai donc à diviser 3 par 4, et je dis : 4 en 3 ne se peut ; je pose un 0 au quotient, je mets une virgule à côté, et j'ajoute un 0 à la droite du chiffre 3, faisant 30 dixièmes, qui, divisés par 4, donnent pour quotient 7 dixièmes, et pour reste 2 ; puis j'ajoute de nouveau un zéro à la droite de ce reste, faisant 20 centièmes, qui, divisés par 4, donnent 5 pour quotient exact. Ainsi, $\frac{3}{4} = 0,75$.

126. Si la division ne donne pas de quotient exact, comme il arrive souvent, on s'arrête ordinairement pour l'approximation aux millièmes ou aux dix-millièmes.

Exemples. Quelles sont les fractions décimales équivalentes aux fractions ordinaires ci-après ?

1) $\frac{7}{8}$; 2) $\frac{2}{25}$; 3) $\frac{5}{6}$; 4) $\frac{7}{12}$.

Modification des termes d'une fraction.

127. On *augmente la valeur* d'une fraction en *augmentant son numérateur* ou en *diminuant son dénominateur*. L'augmentation du numérateur peut se faire par l'addition ou par la multiplication, et la diminution du dénominateur par la soustraction ou par la division. Par ex.

Soit la fraction $\frac{3}{8}$.

En ajoutant 2 au numérateur, j'ai $\frac{5}{8}$, et cette fraction est évidemment plus grande que $\frac{3}{8}$, puisqu'au lieu de 3 des huit parties d'une unité, j'ai maintenant 5 de ces mêmes parties.

En multipliant le numérateur 3 par 4, sans changer le dénominateur, j'ai 4 fois 3 huitièmes, qui font 12 huitièmes, aussi bien que 4 fois 3 francs font 12 francs, j'ai donc $\frac{12}{8}$, et cette fraction est 4 fois plus grande que $\frac{3}{8}$, puisqu'elle contient 4 fois plus de parties de l'unité, et que ces parties sont les mêmes.

En retranchant, au contraire, 2 du dénominateur, j'ai $\frac{3}{6}$, et cette fraction est plus grande que $\frac{3}{8}$, car l'unité n'est maintenant partagée qu'en 6 parties, au lieu de 8, or, moins on fait de parts d'un entier, et plus elles sont grandes; donc chacune de ces 6 parties est plus grande que ne l'était une des 8, et j'ai cependant encore le même nombre de parties, c'est-à-dire, 3.

En divisant le dénominateur 8 par 2, sans changer le numérateur, je trouve $\frac{3}{4}$, et cette fraction est deux fois plus grande que $\frac{3}{8}$; car l'unité n'est maintenant partagée qu'en 4 parties, au lieu de 8; donc ces parties sont 2 fois plus grandes, et j'en ai cependant le même nombre, 3.

128. On *diminue la valeur* d'une fraction, *en diminuant son numérateur* ou en *augmentant son dénominateur*. La diminution du numérateur peut également se faire par la soustraction ou par la division, et l'augmentation du dénominateur par l'addition ou par la multiplication. Par ex. :

Soit la fraction $\frac{8}{9}$.

En retranchant 2 du numérateur, je n'ai plus que $\frac{6}{9}$, soit deux de moins, des mêmes parties : donc cette fraction est plus petite que la précédente. En divisant le numérateur par 4, je trouve $\frac{2}{9}$, et cette fraction est quatre fois plus petite que la précédente, puisqu'elle contient 4 fois moins des mêmes parties.

En ajoutant au contraire 3 au dénominateur, j'ai $\frac{8}{12}$, et cette fraction est plus petite que la précédente, puisque l'unité est maintenant partagée en 12 parties, au lieu de 9; les parties sont donc plus petites, et je n'en ai que le même nombre, 8.

En multipliant le dénominateur par 2, sans changer le numérateur, je trouve $\frac{8}{18}$, et cette fraction est deux fois plus petite que $\frac{8}{9}$, puisque je n'ai toujours que 8 parties, et que l'unité est cependant partagée en deux fois plus de parties; ces parties sont donc deux fois plus petites, et la nouvelle fraction par conséquent aussi.

129. On voit d'après cela que, si deux ou plusieurs fractions ont le *même dénominateur*, la *plus grande* est celle qui a le *plus grand numérateur*; et que si au contraire elles ont le *même numérateur*, la *plus grande* est celle qui a le *plus petit dénominateur*.

130. De ce que chaque fraction représente une division (§. 118), et que dans chaque division on peut multiplier ou diviser, *sans reste*, le dividende et le diviseur par un même nombre, sans changer le quotient (§. 49), il résulte :

Qu'on ne change pas la valeur d'une fraction en multipliant ou en divisant, sans reste, *ses deux termes par un même nombre*.

C'est sur ce principe général que sont basées les règles d'après lesquelles on opère :

1) *La réduction des fractions au même dénominateur*, et

2) *La réduction des fractions à de moindres termes, ou à leur plus simple expression*.

131. *Réduire des fractions au même dénominateur*, c'est transformer celles qui ont des dénominateurs différents en d'autres équivalentes, ayant toutes le même dénominateur.

Pour réduire *deux* fractions au même dénominateur, *on multiplie les deux termes de la première par le dénominateur de la seconde, et les deux termes de la seconde par le dénominateur de la première*. Par ex. :

Soit à réduire au même dénominateur les fractions $\frac{3}{4}$ et $\frac{2}{5}$.

J'écris ces deux fractions l'une à côté de l'autre, ou l'une sous l'autre, et je commence, pour la première, par multiplier son numérateur, 3, par le dénominateur de la seconde, 5, soit $3 \times 5 = 15$, ce qui me donne le numérateur de la nouvelle fraction; puis je multiplie le dénominateur de la première, 4, par celui de la seconde, 5, soit $4 \times 5 = 20$, ce qui est le dénominateur de la nouvelle fraction, qui sera donc $\frac{15}{20}$. Passant à la seconde fraction, je multiplie d'abord son numérateur, 2, par le dénominateur de la première, 4, soit $2 \times 4 = 8$, ce qui est le numérateur de la nouvelle fraction; puis je multiplie encore le dénominateur de la seconde, 5, par celui de la première, 4, soit $5 \times 4 = 20$, ce qui est le dénominateur de la nouvelle fraction, qui sera donc $\frac{8}{20}$. Au lieu des fractions $\frac{3}{4}$ et $\frac{2}{5}$, j'en ai donc maintenant deux nouvelles, $\frac{15}{20}$ et $\frac{8}{20}$, qui ont la même valeur, les deux termes de chacune d'elles étant le produit de la multiplication par un même nombre des deux termes de l'ancienne fraction correspondante.

Exemples. Soit à réduire au même dénominateur les fractions ci-après :

1) $\frac{7}{8}$ et $\frac{1}{3}$; 2) $\frac{3}{5}$ et $\frac{4}{9}$; 3) $\frac{3}{7}$ et $\frac{4}{5}$; 4) $\frac{7}{16}$ et $\frac{11}{12}$.

132. Lorsqu'il y a plus de deux fractions à réduire au même dénominateur, on devrait multiplier successivement les deux termes de chacune d'elles par le produit de la multiplication des dénominateurs de toutes les autres fractions. Mais il y a pour cela un procédé plus simple, qui consiste à former de suite *le produit de tous les dénominateurs;* par là on trouve *le dénominateur commun* des nouvelles fractions, dans lequel les dénominateurs des anciennes sont tous contenus sans reste. On divise alors ce dénominateur commun par le dénominateur de chacune de ces fractions en particulier, et l'on multiplie les deux termes de cette même fraction par le quotient trouvé. Par exemple : Soit à réduire au même dénominateur les fractions $\frac{1}{2}$, $\frac{2}{3}$ et $\frac{4}{5}$.

Leurs dénominateurs $2 \times 3 \times 5 = 30$, ce qui est le dénominateur commun des nouvelles fractions ; j'ai donc :

$\frac{1}{2}$, $\frac{2}{3}$, $\frac{4}{5}$;	puisque 2 en 30 est 15 fois,
15 ; 10, 6 ;	» 3 » 30 » 10 »
$\frac{15}{30}$, $\frac{20}{30}$, $\frac{24}{30}$;	» 5 » 30 » 6 »

et ces nouvelles fractions sont équivalentes aux anciennes, dont les deux termes ont chaque fois été multipliés par le même nombre.

Exemples. Soit à réduire au même dénominateur les fractions suivantes :

1) $\frac{[illegible]}{6}$, $\frac{7}{8}$, $\frac{1}{2}$; 2) $\frac{3}{8}$, $\frac{4}{9}$, $\frac{3}{4}$; 3) $\frac{2}{3}$, $\frac{5}{6}$, $\frac{3}{8}$, $\frac{4}{7}$; 4) $\frac{5}{9}$, $\frac{11}{12}$, $\frac{3}{5}$, $\frac{6}{7}$.

133. S'il s'agit toutefois de réduire au même dénominateur un certain nombre de fractions, et surtout si leurs dénominateurs sont de grands nombres, on arrive le plus promptement au but par le procédé ci-après :

On écrit tous les dénominateurs en une ligne horizontale, et on les divise successivement par des diviseurs communs sans reste (voyez §. 135). On écrit chaque fois ces diviseurs sur le côté, en les séparant des dénominateurs par une ligne verticale, et l'on pose les quotients trouvés sous les dénominateurs, en abaissant chaque fois, tels qu'ils sont, ceux qui ne sont pas divisibles sans reste par le diviseur dont on s'est servi. On continue ainsi jusqu'à ce qu'il n'y ait plus rien à diviser ; cela fait, on forme le produit de tous les nombres qui ont servi de diviseurs. *Ce produit est le plus petit dénominateur commun possible*, avec lequel on procède alors comme ci-dessus (§. 132). Par exemple :

Soit à réduire au même dénominateur les fractions : $\frac{2}{3}$, $\frac{5}{8}$, $\frac{1}{6}$, $\frac{4}{9}$, $\frac{3}{4}$, $\frac{1}{2}$, $\frac{11}{15}$, $\frac{4}{5}$, $\frac{11}{12}$ et $\frac{7}{10}$, ainsi :

```
3 — 8 — 6 — 9 — 4 — 2 — 15 — 5 — 12 — 10 | 3
0 — 8 — 2 — 3 — 4 — 2 —  5 — 5 —  4 — 10 | 4
0 — 2 — 2 — 3 — 0 — 2 —  5 — 5 —  0 — 10 | 2
0 — 0 — 0 — 3 — 0 — 0 —  5 — 5 —  0 —  5 | 5
0 — 0 — 0 — 3 — 0 — 0 —  0 — 0 —  0 —  0 | 3
            0
```

Je vois que la plupart des dénominateurs sont divisibles par 3; j'écris donc ce chiffre comme diviseur à la droite de la ligne verticale, et je fais la division des nombres 3, 6, 9, 15 et 12, qui le contiennent sans reste, en posant les quotients sous les dénominateurs primitifs, et en mettant 0 sous ceux qui sont égaux au diviseur lui-même. J'abaisse par contre, tels qu'ils sont, les nombres 8, 2, 4, 5 et 10, qui ne sont pas divisibles par 3 sans reste, et je continue à prendre successivement pour diviseurs 4, 2, 5 et 3, en opérant de même.

J'ai alors $3 \times 4 \times 2 \times 5 \times 3 = 360$ pour dénominateur commun, et je trouve donc :

360	$\frac{2}{3}$	$\frac{5}{8}$	$\frac{1}{6}$	$\frac{4}{9}$	$\frac{3}{4}$	$\frac{1}{2}$	$\frac{11}{15}$	$\frac{4}{5}$	$\frac{11}{12}$	$\frac{7}{10}$
	120	45	60	40	90	180	24	72	30	36
	$\frac{240}{360}$	$\frac{225}{360}$	$\frac{60}{360}$	$\frac{160}{360}$	$\frac{270}{360}$	$\frac{180}{360}$	$\frac{264}{360}$	$\frac{288}{360}$	$\frac{330}{360}$	$\frac{252}{360}$

Pour plus de brièveté on peut aussi souligner les numérateurs des nouvelles fractions tous ensemble, et n'écrire le dénominateur commun qu'une seule fois dessous.

134. Les fractions les plus usitées dans la pratique journalière étant seulement des demis, des tiers, des quarts, des 6.mes, 8.mes, 12.mes, 16.mes, 24.mes, 32.mes et 64.mes, il est très-facile, avec un peu d'attention, de trouver leur dénominateur commun, sans avoir besoin du procédé ci-dessus, en cherchant *un nombre qui contienne tous les dénominateurs donnés, sans reste.* On le trouve en prenant le plus grand de ces dénominateurs, et en examinant si les autres y sont contenus sans reste; s'il en est ainsi, le plus grand dénominateur est lui-même le dénominateur commun; dans le cas contraire, on multiplie successivement ce plus grand dénominateur par 2, 3, 4, 5, etc., jusqu'à ce qu'on trouve un produit qui contienne tous les dénominateurs donnés, sans reste. Ce produit est alors le dénominateur commun, avec lequel on procède comme on l'a vu plus haut. Par exemple, soient les fractions : $\frac{1}{2}$, $\frac{3}{4}$, $\frac{7}{12}$, $\frac{5}{6}$; ici je vois de suite qu'en multipliant le plus grand déno-

minateur, 8, par 3, le produit, 24, contient exactement tous les autres dénominateurs. Je le prends donc pour dénominateur commun, et j'ai :

$$\underbrace{24} \quad \frac{1}{2} \quad \frac{3}{4} \quad \frac{7}{8} \quad \frac{5}{6},$$
$$12 \quad 6 \quad 3 \quad 4,$$
$$\frac{12}{24} \quad \frac{18}{24} \quad \frac{21}{24} \quad \frac{20}{24}.$$

Exemples. Soit à réduire au même dénominateur les fractions ci-après :

1) $\frac{1}{3}$, $\frac{3}{4}$, $\frac{5}{6}$, $\frac{7}{8}$; 2) $\frac{7}{8}$, $\frac{3}{16}$, $\frac{7}{32}$; 3) $\frac{2}{3}$, $\frac{5}{9}$, $\frac{1}{16}$, $\frac{7}{12}$, $\frac{19}{24}$.

135. *Réduire une fraction à sa plus simple expression*, c'est l'exprimer par une autre *équivalente* dont les termes soient *les plus petits possibles.* Pour y arriver, on divise les deux termes par des diviseurs communs, sans reste, aussi longtemps que cela se peut.

136. Pour pouvoir faire cette opération facilement et promptement, il est nécessaire de savoir reconnaître de suite, au moyen des indices ci-après, quels sont les nombres divisibles sans reste, par 2, 3, 4, 5, etc.

Sont divisibles sans reste :

Par 2, tous les nombres terminés à droite par les chiffres 0, 2, 4, 6 et 8, c'est-à-dire tous les nombres pairs.

Par 3, tous les nombres dont les chiffres, ajoutés comme des unités simples, donnent pour somme 3 ou un multiple de 3. Par exemple : 837; $8+3+7=18$, qui est un multiple de 3.

Par 4, tous les nombres dont les deux derniers chiffres de droite, pris conjointement, sont divisibles par 4 sans reste. Par exemple : 6124; les deux chiffres de droite, 24, étant divisibles par 4, le nombre lui-même l'est aussi.

Par 5, tous les nombres terminés à droite par les chiffres 5 ou 0, tels que 475, 680, etc.

Par 6, tous les nombres pairs qui sont en même temps divisibles par 3, selon l'indication ci-dessus.

Par 7, tous les nombres composés de deux chiffres ou plus, dans lesquels, après avoir multiplié le dernier chiffre de droite par 2, et retranché ce produit des autres chiffres à sa gauche pris conjointement, on trouve pour reste 0, 7 ou un multiple de 7. Par exemple 133; en multipliant le chiffre de droite, 3, par 2, je trouve 6, qui, retranché des deux autres chiffres, 13, donne pour reste 7. Si le reste trouvé a plus de deux chiffres, on opère de la même manière sur ce reste, et l'on continue ainsi jusqu'à ce qu'on ait un reste de deux chiffres. Par exemple 59073; je dis 2 fois 3 font 6, de 5907 reste 5901; 2 fois 1 font 2, de 590 reste 588; 2 fois 8 font 16, de 58 reste 42, qui est un multiple de 7. Mais si le produit de la multiplication du chiffre de droite par 2 est plus grand que les autres chiffres à gauche pris conjointement, il faut au contraire retrancher ces derniers chiffres de ce produit, comme dans les nombres 98 et 119, qui sont tous deux divisibles par 7. Par ex. 119, je dis 2 fois 9 font 18; 11 de 18 reste 7.

Par 8, tous les nombres dont les trois derniers chiffres de droite sont divisibles par 8 sans reste. P. ex. 62136.

Par 9, tous les nombres dont les chiffres, ajoutés comme des unités simples, donnent pour somme 9 ou un multiple de 9. Par exemple 2754; $2+7+5+4=18$, qui est un multiple de 9.

Par 10, tous les nombres terminés à droite par un 0.

Par 11, tous les nombres dans lesquels, en retranchant le dernier chiffre de droite des autres chiffres pris conjointement, on trouve pour reste 0, 11 ou un multiple de 11. Si ce reste a plus de deux chiffres, on répète la même opération, et l'on continue ainsi jusqu'à ce qu'on ait un reste de deux chiffres. P. ex. 737; je dis 7 de 73, reste 66. Ou 54186; je dis 6 de 5418, reste 5412; 2 de 541, reste 539; 9 de 53, reste 44.

Par 12, tous les nombres dont les deux chiffres de droite sont divisibles par 4, et dont la somme des chiffres est 3 ou un multiple de 3. P. ex. 75624; les deux chiffres de droite, 24, sont divisibles par 4, et $7+5+6+2+4=24$, qui est un multiple de 3.

Par 25, tous les nombres dont les deux derniers chiffres de droite sont 25, 50, 75 ou deux zéros.

Exemples. Soit à réduire à leur plus simple expression les fractions ci-après :

1) $\frac{16}{24}$; 2) $\frac{27}{54}$; 3) $\frac{21}{48}$; 4) $\frac{213}{264}$; 5) $\frac{1008}{1344}$; 6) $\frac{171}{423}$; 7) $\frac{234}{729}$; 8) $\frac{8316}{22869}$.

137. Pour trouver de suite *le plus grand commun diviseur possible* de deux nombres, il existe toutefois un procédé plus court, dont voici la règle : on divise le *plus grand nombre* par le *plus petit*, ce dernier à son tour par le *reste*, s'il y en a un, et l'on continue de même à diviser chaque fois le dernier diviseur par le reste de la division, en prenant ainsi successivement les diviseurs pour dividendes et les restes pour diviseurs, jusqu'à ce qu'on trouve un quotient exact. Le *dernier diviseur* dont on a fait usage est alors *le plus grand diviseur commun* des deux nombres.

Pour la brièveté de l'opération, on écrit chaque fois à la droite du diviseur le reste qu'on trouve, afin de pouvoir immédiatement l'employer comme diviseur à son tour.

Si la première division se fait sans reste, le *plus petit nombre* est lui-même le diviseur commun demandé. Si, au contraire, on obtient finalement l'unité pour reste, cela prouve que les deux nombres proposés n'ont pas de diviseur commun autre que l'unité, ou qu'ils sont *premiers entre eux*. Par exemple :

Quel nombre est le plus grand diviseur commun de $\frac{731}{817}$?

$$\begin{array}{r|l|l|l|l} 817 & 731 & 86 & 43 & 00 \\ \hline & 1 & 8 & 2 & \end{array}$$

Ainsi 43 est le diviseur commun, et $\frac{731}{817} = \frac{17}{19}$.

Quel est le plus grand diviseur commun de $\frac{67}{1407}$?

$$\begin{array}{r|l|l} 1407 & 67 & 00 \\ \hline & 21 & \end{array}$$

Ainsi 67 est lui-même le diviseur commun, et $\frac{67}{1407} = \frac{1}{21}$.

Quel est le diviseur commun de $\frac{14}{27}$?

$$\begin{array}{r|l|l|l} 27 & 14 & 13 & 1 \\ \hline & 1 & 1 & \end{array}$$

Ainsi ces deux nombres n'ont pas de diviseur commun; on dit donc qu'ils sont premiers entre eux et que la fraction $\frac{14}{27}$ est *irréductible.*

Observation. Ce procédé est basé sur ce que tout nombre contenu exactement dans le *diviseur* et dans le *reste* d'une division, est nécessairement aussi contenu exactement dans le *dividende*, car le dividende est égal au produit du diviseur multiplié par le quotient, plus le reste, s'il y en a un (§. 56).

138. Pour réduire une fraction décimale en une fraction ordinaire, on prend les décimales données pour numérateur, et pour dénominateur 1, avec autant de zéros qu'il y a de décimales (§. 124); cela fait, on réduit la fraction à une plus simple expression, si c'est possible. Par exemple : $0{,}05 = \frac{5}{100} = \frac{1}{20}$.

Exemples. 1) 0,25; 2) 0,075; 3) 0,4375; 4) 0,0875.

Addition des fractions.

139. Comme on ne peut ajouter que des nombres de même espèce, il faut que les fractions aient le *même dénominateur* pour qu'on puisse les additionner.

Si les fractions données sont dans ce cas, on se borne à faire l'addition de leurs numérateurs, on donne à la somme le dénominateur commun, et si cette somme contient des entiers, on les en extrait (§. 120). P. ex. :

$$\frac{3}{8} + \frac{5}{8} + \frac{7}{8} = \frac{15}{8} = 1\frac{7}{8}.$$

140. Si les fractions données n'ont pas le même dénominateur, on commence par les y réduire selon les règles contenues aux §§. 131 à 134, puis on procède comme ci-dessus. Par exemple :

$$\frac{1}{2} + \frac{3}{4} + \frac{5}{6} + \frac{7}{8} + \frac{1}{24} = \frac{12}{24} + \frac{18}{24} + \frac{20}{24} + \frac{21}{24} + \frac{1}{24} = \frac{72}{24} = 3 \text{ entiers}.$$

141. Si l'on doit additionner des nombres entiers joints à des fractions, on commence par ajouter les fractions, on extrait de leur somme les entiers qu'elle peut contenir, en écrivant la fraction restante, puis on ajoute les entiers trouvés aux autres entiers donnés. Par exemple :

$4\frac{2}{3} + 7\frac{1}{4} + 9\frac{7}{8} = 4\frac{16}{24} + 7\frac{6}{24} + 9\frac{21}{24} = 20\frac{43}{24}$; ces $\frac{43}{24}$ faisant 1 entier et $\frac{19}{24}$, j'ai donc en tout $21\frac{19}{24}$.

Exemples sur l'addition des fractions.

1) $\frac{3}{4} + \frac{5}{6} + \frac{1}{2}$; 2) $\frac{3}{4} + \frac{5}{8} + \frac{7}{8} + \frac{1}{2}$; 3) $\frac{5}{6} + \frac{2}{3} + \frac{3}{4} + \frac{7}{9}$; 4) $\frac{4}{5} + \frac{5}{7} + \frac{3}{8}$; 5) $16\frac{2}{3} + 19\frac{1}{2} + \frac{7}{8} + 12\frac{3}{4}$; 6) $73\frac{4}{5} + 98\frac{3}{4} + 62\frac{1}{2}$; 7) 34 7/[illegible] $+ 89\frac{11}{12} + 24\frac{5}{6}$.

Soustraction des fractions.

142. Pour pouvoir faire la soustraction de deux fractions, il faut, comme pour l'addition, qu'elles aient le *même dénominateur*.

Si les fractions données sont dans ce cas, on retranche le plus petit numérateur du plus grand, et l'on donne au reste le dénominateur commun. Par exemple : soit $\frac{3}{8}$ à retrancher de $\frac{7}{8}$. Je dis 3 huitièmes ôtés de 7 huitièmes, il reste 4 huitièmes, soit $\frac{4}{8} = \frac{1}{2}$.

143. Si les fractions données n'ont pas le même dénominateur, on les y réduit, d'après les règles contenues aux §§. 131 à 134, puis on procède comme ci-dessus. P. ex. : soit $\frac{5}{8}$ à retrancher de $\frac{7}{9}$. Je dis : $\frac{7}{9} - \frac{5}{8} = \frac{56}{72} - \frac{45}{72} = \frac{11}{72}$.

144. Pour faire la soustraction de nombres entiers accompagnés de fractions, on retranche d'abord la fraction inférieure de la fraction supérieure, puis le nombre entier inférieur du nombre entier supérieur. Par exemple : soit à retrancher $3\frac{3}{4}$ de $8\frac{5}{6}$.

Je commence par réduire les fractions au même dénominateur, et j'ai $\frac{9}{12}$ à retrancher de $\frac{10}{12}$, reste $\frac{1}{12}$; puis je dis 3 entiers de 8 entiers reste 5 entiers. J'ai donc :

$$8\frac{5}{6} - 3\frac{3}{4} = 8\frac{10}{12} - 3\frac{9}{12} = 5\frac{1}{12}.$$

145. Si la fraction inférieure est plus grande que la fraction supérieure, on ajoute à cette dernière un entier, qu'on amène à cet effet sous la forme d'une fraction ayant le même dénominateur (§. 121), pour pouvoir additionner les deux numérateurs; cela fait, on retranche de leur somme le numérateur de la fraction inférieure, en donnant au reste le dénominateur commun. Mais, comme par là on a augmenté le nombre supérieur d'une unité entière, il faut aussi augmenter le nombre inférieur d'autant, et l'on ajoute donc 1 entier aux entiers de ce nombre pour les retrancher ensuite des entiers du nombre supérieur. P. ex. : soit à retrancher $5\frac{7}{8}$ de $9\frac{2}{3}$.

Je dis : $9\frac{2}{3} - 5\frac{7}{8} = 9\frac{16}{24} - 5\frac{21}{24}$, et ne pouvant retrancher $\frac{21}{24}$ de $\frac{16}{24}$, j'ajoute 1 entier, soit $\frac{24}{24}$ à ces $\frac{16}{24}$, faisant ensemble $\frac{40}{24}$, dont je déduis les $\frac{21}{24}$, reste $\frac{19}{24}$. Mais comme j'ai augmenté le nombre supérieur d'un entier, j'augmente aussi le nombre inférieur d'autant, en disant : 1 entier de retenue et 5 font 6, de 9 entiers, reste 3. J'ai donc $9\frac{2}{3} - 5\frac{7}{8} = 3\frac{19}{24}$. Au lieu d'ajouter les $\frac{24}{24}$ aux $\frac{16}{24}$ pour en retrancher ensuite les $\frac{21}{24}$, je pourrais aussi commencer par retrancher ces $\frac{21}{24}$ des $\frac{24}{24}$, resterait $\frac{3}{24}$, que j'ajouterais alors aux $\frac{16}{24}$, ce qui me donnerait également $\frac{19}{24}$, en facilitant l'opération.

146. Si le nombre inférieur seul est accompagné d'une fraction, et que le nombre supérieur n'en ait point, on ajoute à ce dernier 1 entier, mis sous la forme d'une fraction ayant le même dénominateur, dont on retranche alors la fraction du nombre inférieur; puis on ajoute aussi 1 entier aux entiers de ce dernier nombre, pour les retrancher ensuite des entiers du nombre supérieur. P. ex. :

Soit $4\frac{3}{5}$ à retrancher de 7. Je dis de suite : $\frac{3}{5}$ de $\frac{5}{5}$ reste $\frac{2}{5}$; 1 entier de retenue et 4 font 5, de 7 reste 2, et j'ai donc $7 - 4\frac{3}{5} = 2\frac{2}{5}$.

Soit $\frac{5}{8}$ à retrancher de 10. Je dis : $\frac{5}{8}$ de $\frac{8}{8}$ reste $\frac{3}{8}$; 1 de retenue ôté de 10, reste 9; donc $10 - \frac{5}{8} = 9\frac{3}{8}$.

147. Si, au contraire, le nombre supérieur seul est accompagné d'une fraction, et que le nombre inférieur n'en ait point, on écrit dans le reste cette fraction telle qu'elle se trouve, puisqu'il n'y a rien à en déduire; puis on retranche les entiers du nombre inférieur de ceux du nombre supérieur. Par ex. :

Soit 7 à retrancher de $12\frac{1}{2}$. J'écris $\frac{1}{2}$ au reste, et je dis 7 de 12, reste 5; donc $12\frac{1}{2} - 7 = 5\frac{1}{2}$.

Exemples sur la soustraction des fractions.

1) $\frac{7}{9} - \frac{2}{9}$; 2) $\frac{11}{12} - \frac{5}{12}$; 3) $\frac{7}{8} - \frac{3}{4}$; 4) $\frac{11}{20} - \frac{[illegible]}{15}$; 5) $614\frac{5}{8} - 587\frac{[illegible]}{[illegible]}$; 6) $17\frac{3}{8} - 9$; 7) $36\frac{3}{4} - 19$; 8) $43\frac{1}{2} - 17\frac{3}{4}$; 9) $314\frac{2}{3} - 293\frac{5}{6}$.

Multiplication des fractions.

148. Pour multiplier une fraction par un nombre entier, ou un nombre entier par une fraction, on multiplie son numérateur par le nombre entier, et l'on donne au produit le dénominateur de la fraction, puis on extrait les entiers contenus dans le produit. Par ex. :

Soit $\frac{7}{8}$ à multiplier par 4. Je dis :

$$\frac{7}{8} \times 4 = \frac{7 \times 4}{8} = \frac{28}{8} = 3\frac{4}{8} = 3\frac{1}{2}.$$

Soit 32 à multiplier par $\frac{3}{4}$. Je dis :

$$32 \times \frac{3}{4} = \frac{32 \times 3}{4} = \frac{96}{4} = 24.$$

Lorsque le dénominateur de la fraction est contenu sans reste dans le nombre entier, comme dans ce dernier exemple, on peut aussi commencer par diviser le nombre entier par ce dénominateur, et multiplier ensuite le quotient obtenu par le numérateur de la fraction, ce qui produit le même résultat. Ainsi :

$$32 \times \frac{3}{4} = 8 \times 3 = 24.$$

Si, au contraire, le nombre entier est contenu sans reste dans le dénominateur de la fraction, il suffit de diviser ce dernier par le nombre entier. Par ex. :

Soit $\frac{17}{32}$ à multiplier par 4. Je dirai donc :

$\frac{17}{32} \times 4 = \frac{17}{8} = 2\frac{1}{8}$, tandis que, d'après le procédé ci-dessus, j'aurais $\frac{17}{32} \times 4 = \frac{68}{32} = 2\frac{4}{32} = 2\frac{1}{8}$; le résultat, comme on le voit, est absolument le même, et cela facilite l'opération, surtout lorsque le dénominateur de la fraction est un grand nombre. Ainsi, lorsque le nombre entier est égal au dénominateur de la fraction, il suffit d'effacer ce dénominateur, et par là le numérateur devient un nombre entier. Par ex. :

Soit $\frac{5}{8}$ à multiplier par 8. J'aurai d'après le dernier procédé ci-dessus : $\frac{5}{8} \times 8 = 5$, ce qui revient à effacer simplement le dénominateur, 8.

On voit donc *qu'en effaçant le dénominateur* d'une fraction quelconque, on la *multiplie* chaque fois *par un nombre égal à ce dénominateur*. Ceci se rapporte au principe énoncé au §. 78, selon lequel, *en effaçant la virgule d'un nombre décimal, on le multiplie par l'unité, accompagnée d'autant de zéros que ce nombre a de chiffres décimaux*. En effet, si l'on considère les décimales comme des fractions dont le dénominateur est précisément l'unité accompagnée d'autant de zéros qu'il y a de chiffres décimaux (§§. 124 et 138), on voit qu'en effaçant la virgule, c'est comme si l'on effaçait le dénominateur de ces fractions, et on les multiplie donc par un nombre égal à ce dénominateur.

149. Pour multiplier une fraction par une fraction, on commence par réduire chacune d'elles à sa plus simple expression, s'il y a lieu; puis on multiplie numérateur par numérateur et dénominateur par dénominateur. Par exemple.

Soit $\frac{3}{4}$ à multiplier par $\frac{5}{8}$. Je dis :

$\frac{3}{4} \times \frac{5}{8} = \frac{3 \times 5}{4 \times 8} = \frac{15}{32}$; car en multipliant $\frac{3}{4}$ par 1 entier, j'aurais de nouveau $\frac{3}{4}$; mais en les multipliant par 1 huitième, je n'aurais que la huitième partie de $\frac{3}{4}$, soit $\frac{3}{32}$; or, si $\frac{3}{4}$, multipliés par 1 huitième, produisent 3 trente-deuxièmes, ils produiront, multipliés par 5 huitièmes, 5 fois 3 trente-deuxièmes, soit $\frac{15}{32}$.

Il ne faut pas s'étonner de ce qu'en multipliant par une fraction, le produit devienne plus petit que le multiplicande. En effet, puisque, en multipliant par l'*unité*, le produit est *égal* au multiplicande, il est évident qu'en multipliant par un nombre *plus petit que l'unité*, le produit doit nécessairement aussi être *plus petit* que le multiplicande, ainsi qu'il a déjà été expliqué pour la multiplication des décimales (§. 100).

150. Pour multiplier un nombre entier, accompagné d'une fraction, ou un nombre mixte, par une fraction ou par un autre nombre mixte, on réduit chacun de ces nombres mixtes en une expression fractionnaire (§. 123); puis

on multiplie numérateur par numérateur, et dénominateur par dénominateur, et l'on extrait du produit les entiers qu'il contient. Par ex. :

Soit $6\frac{2}{3}$ à multiplier par $\frac{3}{4}$. Je dis :

$$6\frac{2}{3} \times \frac{3}{4} = \frac{20}{3} \times \frac{3}{4} = \frac{20 \times 3}{3 \times 4} = \frac{60}{12} = 5.$$

Soit $8\frac{4}{5}$ à multiplier par $7\frac{3}{4}$. Je dis :

$$8\frac{4}{5} \times 7\frac{3}{4} = \frac{44}{5} \times \frac{31}{4} = \frac{44 \times 31}{5 \times 4} = \frac{1364}{20} = 68\frac{4}{20} = 68\frac{1}{5}.$$

151. Pour multiplier une fraction décimale, ou un nombre entier accompagné de décimales, par une fraction ordinaire, ou réciproquement, on opère sur le nombre décimal comme si c'était un nombre entier, en le multipliant par le numérateur de la fraction ordinaire, et en divisant le produit trouvé par le dénominateur de cette fraction. Par ex. :

Soit 0,225 à multiplier par $\frac{3}{5}$. Je dis :

$$0,225 \times \frac{3}{5} = \frac{0,225 \times 3}{5} = \frac{0,675}{5} = 0,135;$$

ou, puisque le dénominateur 5 est contenu ici exactement en 0,225, je pourrais dire aussi :

$$0,225 \times \frac{3}{5} = \frac{0,225}{5} \times 3 = 0,45 \times 3 = 0,135.$$

Soit 45,75 à multiplier par $\frac{3}{4}$. Je dis :

$$45,75 \times \frac{3}{4} = \frac{45,75 \times 3}{4} = \frac{137,25}{4} = 34,3125.$$

Exemples sur la multiplication des fractions.

1) $\frac{5}{6} \times \frac{3}{8}$; 2) $\frac{7}{8} \times \frac{4}{5}$; 3) $9 \times \frac{3}{4}$; 4) $\frac{4}{9} \times 6$; 5) $15 \times \frac{7}{16}$; 6) $\frac{5}{8} \times 0,7$; 7) $0,45 \times \frac{7}{9}$; 8) $\frac{7}{12} \times 0,45$; 9) $5\frac{3}{7} \times 9\frac{5}{6}$; 10) $8\frac{3}{4} \times 7\frac{2}{5}$; 11) $7\frac{3}{4} \times 8,36$; 12) $34,75 \times 7\frac{3}{8}$.

Division des fractions.

152. Pour diviser une fraction par un nombre entier, ou un nombre entier par une fraction, ou encore une fraction par une fraction, il y a des règles particulières à chacun de ces cas, dont on peut se passer, au moyen de la règle générale que voici : *On dispose l'opération comme pour une division ordinaire, en écrivant le diviseur à la droite du dividende, et en les séparant par une ligne verticale; on efface alors le dénominateur du diviseur, s'il y en a* *un, et on le porte sous le dividende; puis on effaee le dénominateur du dividende, s'il y en a un, et on le porte sous le diviseur; on souligne ensuite les nombres qui se trouvent au dividende, et l'on en forme le produit, qu'on écrit dessous, à la gauche de la ligne verticale, comme dividende définitif, puis on souligne également les nombres qui se trouvent au diviseur, et l'on en forme le produit, qu'on écrit dessous, à la droite de la ligne verticale, comme diviseur définitif. Cela fait, on divise comme à l'ordinaire, après avoir souligné le diviseur pour marquer la place du quotient.*

Par ex., soit à diviser :

1) 3 entiers par $\frac{3}{4}$.

J'ai $3 : \frac{3}{4} = \begin{array}{r|l} 3 & \frac{3}{\not 4} \\ 4 & \\ \hline 12 & 3 \\ \cline{2-2} & 4 \end{array}$

ainsi 4 entiers.

2) $\frac{7}{8}$ par 6 entiers.

J'ai $\frac{7}{8} : 6 = \begin{array}{r|l} \frac{7}{8} & 6 \\ & 8 \\ \hline 70 & 48 \\ \cline{2-2} 220 & 0,1458 \\ 280 & \\ 400 & \end{array}$

3) $\frac{7}{8}$ par $\frac{3}{4}$.

J'ai $\frac{7}{8} : \frac{3}{4} = \begin{array}{r|l} \frac{7}{8} & 3 \\ & \not 4 \\ \not 4 & 8 \\ & 2 \\ \hline 7 & 6 \\ \cline{2-2} 10 & 1,166 \\ 40 & \\ 40 & \end{array}$

4) 34,75 par $\frac{7}{8}$.

J'ai $34,75 : \frac{7}{8} = \begin{array}{r|l} 34,75 & \frac{7}{8} \\ 8 & \\ \hline 278,00 & 7 \\ \cline{2-2} 68 & 39,714 \\ 50 & \\ 10 & \\ 30 & \end{array}$

S'il y a des nombres entiers accompagnés de fractions, soit au diviseur, soit au dividende, soit dans tous les deux, on les réduit en expressions fractionnaires (§. 123), et l'on procède ensuite comme ci-dessus. Par ex. :

5) Soit à diviser $7\frac{3}{4}$ par $3\frac{5}{6}$.

J'ai $7\frac{3}{4} : 3\frac{5}{6} = \begin{array}{r|l} \frac{31}{\not 4} & \frac{23}{\not 6} \\ 6 & 4 \\ \hline 186 & 92 \\ \cline{2-2} 200 & 2,021. \\ 160 & \end{array}$

Au lieu de faire la division d'après le procédé décimal, on peut aussi la faire sous forme d'une fraction ordinaire, en prenant le dividende pour numérateur, et le diviseur pour dénominateur. Ainsi, l'on aurait à l'exemple n.° 2, $\frac{7}{48}$; au n.° 3, $\frac{7}{6} = 1\frac{1}{6}$; au n.° 5, $\frac{186}{92} = 2\frac{2}{92} = 2\frac{1}{46}$.

153. On voit qu'au fond la règle générale ci-dessus n'est qu'une application du principe : que dans toute division on peut multiplier ou diviser sans reste le dividende et le diviseur par un même nombre, sans changer le quotient (§. 49). Ainsi, dans l'exemple n.° 3, en effaçant le dénominateur 4 au diviseur, je l'ai rendu 4 fois plus grand (§. 148); mais j'ai aussi rendu le dividende 4 fois plus grand, en le multipliant par 4. En effaçant le dénominateur 8 au dividende, je l'ai rendu 8 fois plus grand; mais en multipliant le diviseur par 8, je l'ai aussi rendu 8 fois plus grand. Voyant par contre que le chiffre 4, qui se trouve au dividende, est contenu sans reste dans le chiffre 8, qui se trouve au diviseur, j'ai effacé ces deux chiffres, et j'ai mis sous le dernier, au diviseur, le quotient 2, au moyen de quoi j'ai divisé le dividende et le diviseur par 4.

Exemples sur la division des fractions.

1) $\frac{3}{4}:5$; 2) $\frac{7}{9}:6$; 3) $7:\frac{3}{4}$; 4) $45:\frac{7}{8}$; 5) $\frac{7}{9}:\frac{4}{5}$; 6) $\frac{3}{4}:\frac{5}{6}$; 7) $\frac{23}{24}:\frac{1}{2}$; 8) $7\frac{4}{5}:3$; 9) $74\frac{7}{9}:6$; 10) $14\frac{3}{4}:5\frac{6}{7}$; 11) $73\frac{1}{2}:16\frac{2}{3}$; 12) $9\frac{3}{5}:0{,}7$; 13) $0{,}4:\frac{2}{3}$; 14) $0{,}734:\frac{5}{7}$.

154. Il est évident qu'en divisant par une fraction, le quotient devient toujours *plus grand* que le dividende; car, en divisant par l'*unité*, le quotient serait égal au dividende, puisque l'unité y est contenue autant de fois que ce nombre lui-même l'indique; ainsi, en divisant par un nombre *plus petit que l'unité*, soit par une fraction, il faut nécessairement que le quotient devienne *plus grand* que le dividende, le diviseur y étant contenu un plus grand nombre de fois, puisque, plus le diviseur est petit, et plus il est contenu de fois dans le dividende, ainsi qu'il a déjà été expliqué pour la division des décimales (§. 110).

V. Des mesures, poids et monnaies métriques, et de leurs rapports.

155. Pour déterminer la *grandeur* des objets, on se sert de *mesures* (§. 6).

156. Pour déterminer la *pesanteur* des objets on se sert de *poids* (§. 6).

157. Pour déterminer la *valeur* des objets, on se sert de *monnaies* (§. 8).

158. On a adopté, dans le système métrique, *quatre* espèces de mesures : 1) les mesures de *longueur*; 2) les mesures de *superficie*; 3) les mesures de *solidité*; 4) les mesures de *capacité*.

159. L'unité des mesures de longueur se nomme *Mètre*, ce qui signifie *mesure*. Pour déterminer sa longueur, on a pris la *dix-millionième partie* de la distance du *pôle nord* à l'*équateur*; ou, si l'on suppose un cercle tracé autour de la terre en passant par les deux pôles (nommé *méridien*), et divisé en quatre parties égales, chacune de ces parties, développée en une ligne droite, contiendra *dix millions de mètres*.

160. Le mètre est en même temps *la base* des mesures, poids et monnaies métriques, en ce qu'il a servi à les déterminer directement ou indirectement, ainsi qu'il sera expliqué ci-après. C'est pourquoi ces mesures, poids et monnaies forment un seul système étroitement lié dans toutes ses parties, et qu'on appelle, d'après le nom du mètre et d'après sa division décimale, *système métrique décimal*.

161. La division de ce système, ainsi que sa nomenclature spéciale, ont été suffisamment expliquées §§. 66 à 70. Le grand avantage qu'offrent à l'emploi les mesures, poids et monnaies dont il se compose, résulte de l'*uniformité des rapports* entre leurs multiples et leurs subdivisions, produite par l'application uniforme qui y a été faite du système décimal. On a déjà pu juger, par l'explication

des nombres décimaux (III, §§. 58 à 113), de la grande facilité que présente ce système, tant pour la réduction des multiples dans les subdivisions et réciproquement, que pour tous les autres genres de calcul.

162. Dans la pratique journalière on se sert de tous les multiples et de toutes les subdivisions du mètre; savoir :

Le *myriamètre* et le *kilomètre* sont les mesures itinéraires, servant à mesurer les routes et les grandes distances, telles que d'une ville à une autre, ou d'un village à un autre, etc. L'*hectomètre* sert à mesurer les rues et les chemins vicinaux. Le *décamètre* forme la chaîne de l'arpenteur, composée de chaînons droits en fil de fer, réunis par des anneaux, et terminée à ses deux bouts par des poignées comprises dans la longueur du décamètre. Il est la plus grande mesure de longueur dont on fasse réellement usage dans les opérations de mesurage, les mesures du myriamètre, du kilomètre et de l'hectomètre n'existant pas en réalité, et ne servant qu'à énoncer la mesure des grandes distances.

Le *mètre* et ses subdivisions jusqu'aux *millimètres*, servent à mesurer les édifices, les meubles, les étoffes, les dimensions du corps humain, etc. On a pour cet usage des mètres en bois de chêne, divisés en décimètres et centimètres, ainsi que des décimètres doubles et simples, en bois, ivoire, métal, etc., divisés en centimètres et millimètres. On a aussi des mètres portatifs pliants, en bois et en baleine, divisés en décimètres, centimètres et millimètres.

163. Le doigt d'un homme de moyenne taille est large d'environ 2 centimètres; la main entière ou les cinq doigts d'environ 1 décimètre; ainsi 10 mains d'homme en largeur valent environ 1 mètre. Un homme marchant d'un pas ordinaire et d'une vitesse moyenne, fait 1 hectomètre en 1,33 minute, 1 kilomètre en 13,3 minutes, ou 1 myriamètre en 133 minutes, soit 2 heures et 13 minutes.

164. L'unité des mesures de superficie, pour les ter-

rains, se nomme *Are.* L'are est un décamètre carré, soit une surface carrée ayant 10 mètres de long et 10 mètres de large, et contenant 100 mètres carrés, ainsi qu'on le verra par la figure ci-après. Dans la pratique, on ne se sert pas de tous les multiples, ni de toutes les subdivisions de l'are, mais seulement de l'hectare, de l'are et du centiare. L'*hectare* est un hectomètre carré, soit une surface carrée ayant 100 mètres de long et 100 mètres de large, et contenant 10000 mètres carrés. Le *centiare* est un mètre carré, soit une surface carrée ayant 1 mètre de long et 1 mètre de large.

Si dans cette figure :

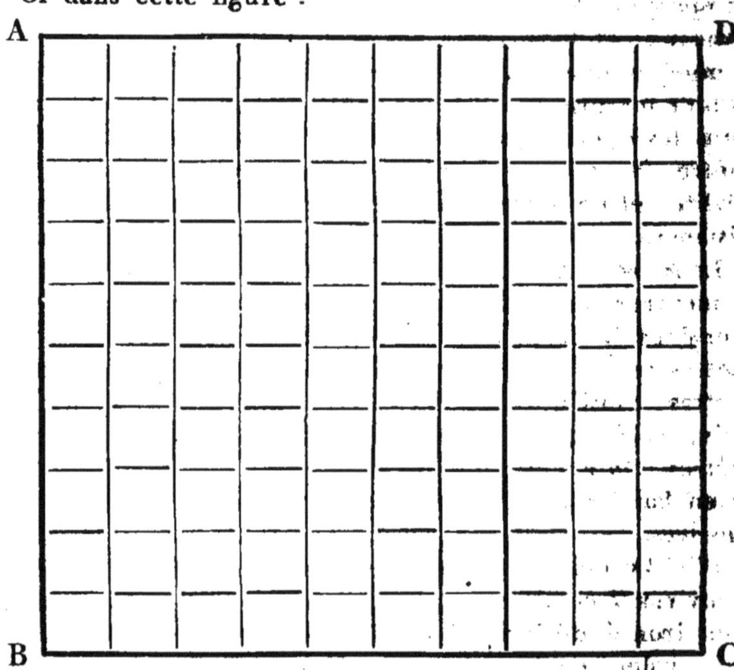

les quatre côtés *AB*, *BC*, *CD* et *AD* avaient chacun 10 mètres de long, le carré entier serait un *are*; mais si chacun de ses côtés avait 100 mètres de long, le carré entier serait un *hectare.* Si maintenant on admet la première supposition, c'est-à-dire, le carré entier pris pour un are, qu'on divise la ligne *AD*, qui sera donc supposée avoir 10 mètres de long, en 10 parties égales, ayant chacune 1 mètre, et qu'on abaisse de chaque division une ligne perpendiculaire jusqu'à la ligne *BC*, on obtiendra 10 bandes verticales ayant chacune 1 mètre de large et 10 mètres de long. Si alors on divise également la ligne *AB* en 10 parties égales, chacune d'un mètre, et qu'on tire de chaque division une ligne horizontale jusqu'à la ligne *DC*, on obtiendra de nouveau 10 bandes transversales, ayant aussi chacune 1 mètre de large et 10 mètres de long. Chacune des bandes verticales sera divisée de cette manière en 10 carrés, ayant chacun 1 mètre de long et 1 mètre de large, et puisque la figure entière consiste en 10 de ces bandes, elle contient 10 fois 10 ou 100 de ces petits carrés, dont chacun forme la centième partie d'un are, soit par conséquent 1 *centiare*. On voit par là que le centiare est un mètre carré, que l'are contient 100 mètres carrés, et l'hectare 100 fois 100 ou 10000 mètres carrés, ainsi qu'il a été dit plus haut.

165. Il résulte de là que, si la longueur et la largeur d'une surface carrée est *dix fois* plus grande ou plus petite que celle d'une autre surface carrée, la contenance de la première sera *cent fois* plus grande ou plus petite que celle de la seconde, ou que, *quand les longueurs augmentent ou diminuent dans le rapport de* 1 *à* 10, *les surfaces augmentent ou diminuent dans le rapport de* 1 *à* 100, puisqu'elles sont les carrés des longueurs.

Par conséquent aussi :

1 mètre carré = 100 décimètres carrés ;
1 décimètre carré = 100 centimètres carrés ;
1 centimètre carré = 100 millimètres carrés.

Ces subdivisions du mètre carré n'ont pas reçu de noms particuliers ; elles servent, ainsi que le mètre carré lui-même, à évaluer la contenance de toutes espèces de surfaces, tandis que les noms d'hectare, d'are et de centiare ne s'emploient *que pour exprimer la contenance des terrains.* Pour ce motif on les nomme aussi *mesures agraires.*

Comme toutefois il ne serait pas possible de faire de pareilles mesures carrées de grande dimension, et qu'il serait encore bien moins possible de mesurer effectivement par leur moyen la contenance d'une surface, par exemple d'un champ, on se borne à employer pour cela les mesures de longueur, et l'on calcule d'après elles la contenance en superficie.

Pour déterminer de cette manière la contenance d'une surface *carrée* ou *rectangulaire*, par exemple d'un champ, d'un jardin, etc., on mesure sa longueur et sa largeur au moyen de la chaîne de l'arpenteur, et lorsqu'on les connaît en mètres, il suffit de les multiplier ensemble, selon les procédés indiqués §. 99, pour trouver la contenance en mètres carrés ou centiares, dont 100 font ensuite 1 are, comme on l'a vu §. 164. Par ex. :

Une cour a 80 mètres de long et 25 mètres de large; combien de mètres carrés ou centiares contient-elle? Je dis : $80 \times 25 = 2000$ centiares = 20 ares.

Un champ a 600 mètres de long et 50 de large; quelle est sa contenance? Je dis : $600 \times 50 = 30000$ centiares = 3 hectares.

Un jardin a 67,5 mètres de long et 22,4 mètres de large; quelle est sa contenance? Je dis : $67{,}5 \times 22{,}4 = 1512$ centiares = 15,12 ares.

Ce genre de calcul, qu'on nomme *calcul des surfaces*, sera traité avec plus de développements dans la *seconde partie* de cet ouvrage.

166. L'unité des mesures de solidité se nomme *Stère* ou *mètre cube*, et consiste en un cube, c'est-à-dire, en un corps de la forme d'un dé à jouer, ayant 1 mètre de long, 1 mètre de large, et 1 mètre de haut, et compris sous six faces carrées, ayant chacune 1 mètre carré de surface. On ne se sert du stère *que pour mesurer le bois de chauffage*, dont on forme alors une pile de 1 mètre de

large et 1 mètre de haut, et dont les bûches doivent avoir 1 mètre de long.

Dans la pratique journalière on n'emploie que le *décastère*, le *demi-décastère*, le *double stère*, le *stère* et le *décistère*, mais principalement le *stère*. Pour le mesurer, on se sert d'une membrure en bois, ayant 1 mètre de large et 1 mètre de haut, et composée d'une sole et de deux montants, soutenus par deux contre-fiches, placées obliquement; elle a de plus deux soustraits, placés horizontalement de niveau avec la sole.

Les divers autres corps solides, tels que les pierres, le bois de construction, etc., ainsi que les volumes en général, se mesurent et s'expriment en *mètres cubes*, *décimètres cubes* et *centimètres cubes* (voyez §. 168).

167. Si dans la figure *ABCD* (§. 164) on adopte la longueur de chaque côté pour 10 mètres (ainsi la figure entière pour un are ou un décamètre carré), et si sur chacun des petits carrés, soit sur chaque centiare ou mètre carré, on pose un mètre cube ou un stère de bois de chauffage, dont les bûches ont 1 mètre de longueur, on aura une couche de bois ou une tranche, qui contiendra 100 mètres cubes ou stères, et aura 1 mètre de hauteur. Si maintenant on superpose 10 pareilles couches ou tranches, on aura une pile de bois de 10 mètres de long, 10 mètres de large et 10 mètres de haut, qui contiendra 10 fois 100 mètres cubes, soit 1000 mètres cubes ou stères.

168. Il résulte de là que, si la longueur, la largeur et la hauteur d'un corps cubique est *dix fois* plus grande ou plus petite que la longueur, la largeur et la hauteur d'un autre corps cubique, le volume du premier sera *mille fois* plus grand ou plus petit que le volume du second, ou que, *quand les longueurs augmentent ou diminuent dans le rapport de* 1 *à* 10, *les volumes augmentent ou diminuent dans le rapport de* 1 à 1000, puisqu'ils sont les cubes des longueurs.

Par conséquent aussi:

1 mètre cube = 1000 décimètres cubes;
1 décimètre cube = 1000 centimètres cubes;
1 centimètre cube = 1000 millimètres cubes.

Ces subdivisions du mètre cube n'ont pas reçu de noms particuliers, lorsqu'elles servent à exprimer le volume d'un corps solide quelconque (§. 166).

Comme il serait d'une impossibilité absolue de mesurer réellement le volume des corps solides au moyen de mesures cubiques effectives, on doit, pour évaluer la contenance des corps cubiques ou rectangulaires, se borner à mesurer en mètres leurs longueur, largeur et hauteur (ou épaisseur), au moyen des mesures de longueur, et calculer ensuite cette contenance en multipliant ensemble ces trois données; leur produit l'exprimera, dans ce cas, en mètres cubes. Par ex. :

Une chambre a 6 mètres de long, 5 mètres de large et 3 mètres de haut ; combien de mètres cubes contient-elle ? Je dis : 6 × 5 × 3 = 90 mètres cubes.

Ce genre de calcul, qu'on nomme *calcul des volumes*, sera également traité avec plus de développements dans la *seconde partie* de cet ouvrage.

169. L'unité des mesures de capacité se nomme *Litre*. Le litre est un décimètre cube, c'est-à-dire, un vase cubique, ayant intérieurement 1 décimètre de long, 1 décimètre de large et 1 décimètre de haut; mais, comme de pareils vases cubiques seraient d'une construction difficile et surtout d'un usage fort incommode, on a choisi de préférence la forme ronde d'un cylindre pour toutes les mesures de capacité. Le litre, avec ses multiples et ses subdivisions, sert à mesurer non-seulement les liquides, mais aussi les céréales, les graines diverses, les légumes secs, les fruits, les pommes de terre, les charbons et toutes sortes d'autres matières sèches.

170. Pour mesurer les liquides, tels que le vin, la bière, etc., on se sert, dans la pratique journalière de l'*hectolitre* et du *demi-hectolitre*, du *double-décalitre*, du *dé-*

calitre et du *demi-décalitre*, du *double litre*, du *litre* et du *demi-litre*, du *double-décilitre*, du *décilitre* et du *demi-décilitre*; du *double centilitre* et du *centilitre*.

A partir du double litre et au-dessous, ces vases se font en étain, sans ou avec anses et couvercles, et leur forme est telle que la hauteur du cylindre est double du diamètre, pris intérieurement, d'après les dimensions exactement prescrites à cet égard.

A partir du demi-décalitre et au-dessus, on fait ces mesures en bois ou en tôle, et l'on donne au cylindre la hauteur égale au diamètre, pris intérieurement, d'après les dimensions prescrites aussi à cet égard.

171. Pour la vente du lait et de l'huile, au détail, on se sert dans la pratique journalière du *double litre*, du *litre* et du *demi-litre*, du *double décilitre*, du *décilitre* et du *demi-décilitre*. On fait ces vases en fer-blanc, on les munit d'anses, et l'on donne au cylindre, intérieurement, la hauteur égale au diamètre.

Dans le commerce en gros, l'huile se vend au poids, ainsi que divers autres liquides, qui éprouveraient soit un trop fort déchet, soit une altération par le mesurage au litre, ou qui altéreraient eux-mêmes les mesures, tels que les acides et autres liquides corrosifs.

172. Pour mesurer les céréales et les diverses matières sèches mentionnées plus haut (§. 169), on n'emploie dans la pratique journalière que l'*hectolitre* et le *demi-hectolitre*, le *double décalitre*, le *décalitre* et le *demi-décalitre*, le *double litre*, le *litre* et le *demi-litre*, le *double décilitre*, le *décilitre* et le *demi-décilitre*. On construit ces mesures en bois de chêne; à partir du décalitre et au-dessus on les garnit extérieurement de bandes de tôle, et intérieurement de potences en fer, pour leur donner plus de solidité; le cylindre a la hauteur égale au diamètre, pris intérieurement, d'après les dimensions prescrites à cet égard.

On voit que le myrialitre, le kilolitre et le millilitre ne sont point usités dans la pratique.

173. Pour mesurer les céréales et autres graines au moyen de ces mesures, on doit les y projeter simplement et sans secouer la mesure pour aider au tassement de la graine; on passe alors la rafle, ayant la forme d'une règle, sur les bords de la mesure, qui, par ce moyen, contient sa qualité légale de graine.

Pour mesurer les fruits, les pommes de terre, etc., on est dans l'usage de combler la mesure, afin de remplacer par là le vide occasionné dans son intérieur par la forme des fruits. Le poids moyen de

l'hectolitre de froment est de	75	kilogrammes,
— seigle	70	—
— orge	60	—
— méteil	72	—
— maïs ou blé de Turquie	66	—
— avoine	42	—

Dans le commerce en gros on vend au poids différentes espèces de graines, et quelquefois aussi le blé. Il serait même à désirer qu'on adoptât généralement l'usage de vendre au poids toutes les espèces de céréales et de graines, pour éviter les contestations qui s'élèvent si souvent au sujet du mesurage, entre les acheteurs et les vendeurs.

174. L'unité des poids se nomme *gramme*. Le Gramme est le poids d'un centimètre cube ou millilitre d'eau distillée (prise à la température indiquée par le thermomètre à $4\frac{1}{2}$ degrés au-dessus de 0), c'est-à-dire, que l'eau distillée, contenue dans un vase cubique ayant intérieurement 1 centimètre de long, de large et de haut, pèse 1 gramme. Puisque 1000 centimètres cubes font un décimètre cube (§. 168), et que 1 décimètre cube est 1 litre (§. 169):

le litre d'eau pèse donc 1000 grammes ou	1	kilogr.
le décalitre d'eau pèsera	10	—
l'hectolitre — —	100	—
le kilolitre — —	1000	—

qui forment le poids du *tonneau de mer*.

175. Pour énoncer les poids, on ne se sert pas du myriagramme dans la pratique journalière, les plus forts poids s'exprimant en *kilogrammes*. Dans la vente en détail, on se sert aussi de l'*hectogramme* et du *décagramme*, tandis que le *gramme* et ses subdivisions ne servent qu'aux orfèvres et aux pharmaciens.

176. Il n'est plus permis de donner aux poids toutes sortes de formes; les seules adoptées sont celles mentionnées ci-après, et leurs dimensions doivent être exactement conformes à celles prescrites.

Les gros poids sont en fonte de fer; savoir : ceux de 50 et 20 kilogrammes, en forme de pyramide tronquée, arrondie sur les angles, ayant pour base un parallélogramme, et ceux au-dessous, depuis celui de 10 kilogrammes jusqu'à celui de 1 demi-hectogramme, en forme de pyramide tronquée, ayant pour base un hexagone régulier; ils sont munis à la face supérieure d'un anneau. La série complète de ces derniers poids se compose de ceux de 10, 5, 2, 1 et ½ kilogrammes (ou 5 hectogrammes), 2, 1 et ½ hectogrammes (ou 5 décagrammes).

On fait aussi des poids en cuivre, ayant la forme d'un cylindre surmonté d'un bouton; la hauteur du cylindre est égale à son diamètre, et la hauteur du bouton en est la moitié, selon les dimensions prescrites; les poids de 2 et de 1 grammes ont seuls le diamètre plus fort que la hauteur. La série entière de cette sorte de poids se compose de ceux de 20, 10, 5, 2 et 1 kilogrammes, 500, 200, 100, 50, 20, 10, 5, 2 et 1 grammes. Les subdivisions du gramme se font en lames de laiton mince, de différentes épaisseurs, de forme carrée, à angles brisés; elles se composent des poids de 5, 2 et 1 décigrammes, 5, 2 et 1 centigrammes, 5, 2 et 1 milligrammes. On fait également des poids en cuivre, sous forme de godets coniques, s'emboîtant les uns dans les autres, et renfermés dans une boîte à couvercle, de pareille forme; on fait de ces boites du poids total de 1 kilogramme, 500, 200 et 100 grammes, contenant chaque fois la série des subdivisions par 5, 2 et 1, jusqu'au gramme.

177. Pour pouvoir effectuer toutes les pesées quelconques, il ne suffit pas d'avoir une série complète de poids; il faut en outre avoir deux fois, soit ceux des doubles unités, soit ceux des simples unités, tels que les poids de 2 kilogrammes, 2 hectogrammes, 2 décagrammes et 2 grammes, ou ceux de 1 kilogramme, 1 hectogramme, 1 décagramme et 1 gramme. Ainsi, pour peser 9 kilogrammes, il faut avoir, soit 5 kilogrammes et deux fois 2 kilogrammes, soit 5 kilogrammes, 2 kilogrammes, et deux fois 1 kilogramme.

178. L'unité des monnaies se nomme *Franc*. Le franc pèse 5 grammes, dont :

9 dixièmes, soit 4,5 grammes d'argent fin,
1 dixième, soit 0,5 gramme de cuivre,
5,0 grammes;

ainsi, en monnaies d'argent,

2 francs pèsent 1 décagramme,
20 — — 1 hectogramme,
200 — — 1 kilogramme,

et l'on peut donc, au besoin, se servir de ces monnaies au lieu de poids.

La série des monnaies d'argent consiste en pièces de 5 francs, 2 francs, 1 franc et 1 demi-franc, qui toutes contiennent 9 dixièmes d'argent fin et 1 dixième de cuivre. Les pièces de 1 quart de franc, qu'on avait jusqu'ici, seront supprimées à l'avenir, puisque la fraction $\frac{1}{4}$ n'est point comprise dans la division du système décimal, faite uniformément par $\frac{1}{2}$, $\frac{1}{5}$ et $\frac{1}{10}$.

Les monnaies d'or contiennent également 9 dixièmes d'or fin et 1 dixième de cuivre; il en existe actuellement de deux espèces, savoir : des pièces de 40 francs et de 20 francs; mais celles de 40 francs seront supprimées à l'avenir, par le motif indiqué ci-dessus, et l'on frappera par contre des pièces de 100 francs et de 50 francs. En monnaies de cuivre, il existe des pièces de 1 décime ou 10 centimes, et de 1 demi-décime ou 5 centimes, et l'on frappera aussi à l'avenir des pièces de 2 décimes ou 20 centimes, ainsi que de 1 et de 2 centimes.

179. Les diamètres des monnaies d'or, d'argent et de cuivre, et leurs poids, sont fixés comme il suit :

NOM ET VALEUR DES PIÈCES.		Poids en grammes.	Diamètre en millimètres.
En or	40 francs	12,90	26
	20 =	6,45	21
En argent	5 =	25,00	37
	2 =	10,00	27
	1 franc	5,00	23
	½ = ou 0,50	2,50	18
En cuivre	10 centimes	20,00	31
	5 =	10,00	27

On voit donc qu'en plaçant en ligne droite l'une à côté de l'autre, les pièces suivantes :

En or	32 p. de 40 francs et 8 p. de 20 francs, ou					
	11	—	=	—	34	— = —
En argent	19	—	5	—	11	— 2 — ou
	20	—	2	—	20	— 1 franc,

on obtient exactement la longueur du mètre.

Il est à observer cependant que les monnaies d'argent, actuellement en circulation, ne sont pas toutes strictement conformes aux dimensions ci-dessus, qui n'ont été définitivement fixées que longtemps après le premier établissement du système décimal; mais elles doivent toujours avoir le poids indiqué.

Quant aux monnaies de cuivre encore en circulation, elles sont d'origine tellement différente, que la majeure partie ne sont conformes, ni pour le poids, ni pour les dimensions, aux indications ci-dessus.

180. Parmi les subdivisions du franc, les millimes ne sont pas usités, leur valeur étant trop petite ; dans la pratique journalière on ne se sert jusqu'à présent pas même des centimes, qu'on calcule bien, mais qu'on ne paie pas en réalité. En effet, lorsqu'une somme à payer comprend 1 ou 2 centimes, on les supprime entièrement, et s'il y en a 3 ou 4 on les compte pour 5.

On procède aussi d'après le même mode pour l'établissement de la taxe du pain, ainsi que la loi le prescrit expressément.

181. Si l'on mettait en œuvre l'or et l'argent fins, c'est-à-dire, entièrement purs et exempts de tout mélange, les monnaies s'useraient trop promptement par la circulation, ces métaux ayant le grain trop tendre; on a donc cherché à leur donner plus de dureté, et l'on a trouvé qu'en y alliant une petite quantité de cuivre, ce but était atteint. C'est par ce motif qu'on a prescrit, pour les monnaies d'or et d'argent, ainsi qu'il a été dit plus haut (§. 178), le mélange de 9 parties en poids d'or ou d'argent pur avec 1 partie en poids de cuivre, qu'on nomme *alliage*.

Il est remarquable que cette proportion d'une partie d'alliage sur dix parties de mélange, qui donne à ce dernier la plus grande dureté, se soit précisément rencontrée avec le système décimal.

182. Pour les ouvrages d'orfévrerie, on a fixé d'autres proportions d'alliage tant pour l'or que pour l'argent, qu'on nomme leur *titre;* savoir :

Pour l'or, sur 1000 parties en poids de mélange,
1) 902 parties d'or fin avec 98 parties de cuivre,
2) 840 — — 160 — —
3) 750 — — 250 — —

Pour l'argent, aussi sur 1000 parties en poids de mélange,
1) 950 parties d'argent fin avec 50 parties de cuivre,
2) 800 — — 200 — —

de manière que tous les ouvrages d'or et d'argent doivent être faits d'après l'une de ces proportions.

Pour déterminer alors d'après laquelle de ces proportions, ou *à quel titre*, les matières d'or et d'argent ont été mises en œuvre, on ne mentionne que les parties de métal précieux qui y sont contenues, sans parler du cuivre, en disant, par exemple :

de l'or à 840 millièmes, ou
de l'argent à 800 millièmes,

par quoi l'on entend que, sur 1000 parties en poids de mélange, on a pris le nombre indiqué de parties en métal précieux et le reste en cuivre.

Cet objet, ainsi que les calculs qui s'y rapportent, seront traités avec plus de développements encore dans la *seconde partie* de cet ouvrage, à la *règle d'alliage*.

183. La valeur de l'or et de l'argent au poids est la suivante :

		Fr.
1 kilogramme	d'or fin se paie sans retenue.....	3444,44
1 —	d'or monnayé, à 900 millièmes, vaut	3100,00
1 —	d'argent fin se paie sans retenue.....	222,22
1 —	d'argent monnayé, à 900 millièmes, vaut	200,00

D'après cela le rapport de la valeur des monnaies avec leur poids est le suivant :

de l'or à l'argent, de.......... 15,5 à 1,
de l'or au cuivre, de.......... 620 à 1,
de l'argent au cuivre, de...... 40 à 1.

184. Il résulte de tout ce qui a été dit jusqu'ici, que le *mètre* a effectivement servi à déterminer, soit directement, soit indirectement, les mesures, les poids et les monnaies métriques, ainsi qu'il a été avancé plus haut (§. 160); savoir :

directement : l'are, le stère et le litre,
indirectement : le gramme et le franc,

et qu'il est donc réellement *la base* de tout le Système métrique décimal, auquel il a donné son nom.

SOLUTIONS

DES EXEMPLES CONTENUS DANS CET OUVRAGE.

Numération des nombres entiers.

§. 19.

1) 12017.
2) 43716.
3) 700021.
4) 41003024.
5) 409000016.
6) 16400027000.
7) 715000100001.
8) 47000100070000.
9) 91000000017010024.
10) 7000004005003005.

Addition des nombres entiers.

§. 27.

1) 173446.
2) 178569.
3) 941839.
4) 288707.
5) 9937234.
6) 245778.
7) 963804.
8) 164666 fr.
9) 31013 fr.
10) 182528900 habitants.
11) En l'année 1833.
12) En l'année 1821.
13) En l'année 1810.
14) 172 myriamètres.
15) En l'année 5111.

Soustraction des nombres entiers.

§. 33.

1) 522237.
2) 76642109.
3) 42934742.
4) 124660.
5) 15434.
6) 98500.
7) 31109.
8) 413465.
9) 4219 fr.
10) 25407000 habitants.
11) 640 années.
12) 824 années.
13) 1218 années.
14) En l'année 1100.
15) En l'année 1314.
16) 404 années.
17) En l'année 1453.
18) En l'année 1586.
19) En l'année 1759.
20) 88 ans.

Multiplication des nombres entiers.

§. 45.

1) 8646252.
2) 11187225.
3) 60769268.
4) 68025281.
5) 7704662.
6) 2877107895.
7) 26318109200.
8) 6216700000.
9) 9786000.
10) 986820000.
11) 11688 fr.
12) 13644 décimes.
13) 3783 fr.
14) 1440 minutes.
15) 2720 mètres.
16) 5552 plants.
17) 2328 tuiles sur une face.
4656 — sur les deux faces.
18) 2964 fr.
19) 3072 décimes.
20) 3152 têtes.
25216 centimes.

Division des nombres entiers.

§. 57.

1) 367291.
2) 4890073.
3) 150005794.
4) 24373368 reste 1.
5) 237078502.
6) 30864195.
7) 49361947.
8) 1950806205.
9) 164421670 reste 2.
10) 154660754.
11) 3467321.
12) 24688081 reste 4.
13) 104963808.
14) 4739108.
15) 4386516.
16) 4965277.
17) 347528.
18) 4680021.
19) 345275 reste 41.
20) 13456812345 reste 38.
21) 260841.
22) 359072.
23) 6420530.
24) 240137.
25) 574309 reste 11.
26) 300246.
27) 23546.
28) 63245 reste 94.
29) 36 fr.
30) 4 fr.
31) 835 fr.
32) 29 mètres.
33) 15 jours.
34) 375 jours.
35) 297 bœufs.

Numération des décimales.

§. 66.

1) 7,16.
2) 18,450.
3) 8,0759.
4) 0,973.

5) 0,0009.
6) 0,00014.
7) 0,03.
8) 0,004.
9) 91,2.
10) 1,778.
11) 70,04.
12) 183,4.

Propriétés générales des décimales.

§. 80.

1) 904130 millimètres.
2) 36141,4 décistères.
3) 800,4 litres.
4) 411700 centilitres.
5) 9070000 centigrammes.
6) 459000130 milligrammes.
7) 79070 millimes.
8) 87575 centimes.
9) 6000000 centimètres.
10) 300000 décigrammes.

§. 87.

1) 97,653280 myriamètres.
2) 0,4509 hectare.
3) 0,496839 myriare.
4) 457,96 stères.
5) 8975,64 litres ou 89,7564 hectolitres.
6) 4,5709 hectolitres.
7) 7536,74 hectogrammes.
8) 9,876543 myriagrammes.
9) 12,3456789 myriagrammes.
10) 0,0008467 myriagramme.
11) 46,798 francs.

Addition des décimales.

§. 97.

1) 52,161775 kilogrammes.
2) 685,0708 hectolitres.
3) 252903,42 fr.
4) 449,949 mètres.
5) 9203,92 stères.
6) 51493 mètres.
7) 840,362 litres.
8) 211,01 fr.
9) 68074,183 mètres ou 68,074183 kilomètres.

Soustraction des décimales.

§. 98.

1) 0,70 fr.
2) 12,036 hectolitres.
3) 4,38776 hectogrammes.
4) 29,1980 hectares.
5) 4,982 fr.
6) 36,58 fr.
7) 118,60 mètres.
8) 854,63 litres.
9) 5627,3 stères.
10) 27,5 stères.
11) 46,81 fr.
12) 480,0081 hectogrammes.

Multiplication des décimales.

§. 100.

1) 644,255 fr.
2) 65,25 fr.
3) 67,50 fr.
4) 323 mètres.
5) 6,50 fr.
6) 1200 centimes, ou 12 fr.
7) 102,60 mètres.
8) 3,20 fr.
9) 77,448 mètres.
10) 119,09 fr.
11) 960,81 fr.
12) 35,50 fr.
13) 47,94 fr.
14) 354,15 fr.
15) 1403,93 fr.
16) 2836,17 fr.

§. 101.

1) 2,32 fr.
2) 3,72 fr.
3) 30,21 fr.
4) 8,96 fr.

Division des décimales.

§. 112.

1) 6908,71 fr.
2) 7,128 mètres.
3) 4,57 fr.
4) 9,7296 hectolitres.
5) 6,50 fr.
6) 29,70 mètres.
7) 8,20 fr.
8) 21,53 fr.
9) 40 mètres.
10) 5202,73 fr.
11) 0,20 fr.
12) 44,90 fr.
13) 3,73 fr.
14) 0,43 fr.
15) 1,87 fr.
16) 3,02 fr.
17) 5,12 litres.
18) 16 mètres.
19) 21,38 fr.
20) 0,76 fr.

§. 113.

1) 0,11 fr.
2) 125 décagrammes.
3) 0,09 fr.
4) 3385,37 fr.

Fractions ordinaires.

§. 120.

1) $93\frac{3}{4}$.
2) $323\frac{2}{3}$.
3) $255\frac{3}{5}$.

§. 126.

1) 0,875.
2) 0,08.
3) 0,833.
4) 0,5833.

Modification des termes d'une fraction.

§. 131.

1) $\frac{21}{24}$, $\frac{6}{24}$.
2) $\frac{27}{45}$, $\frac{20}{45}$.
3) $\frac{15}{35}$, $\frac{28}{35}$.
4) $\frac{84}{192}$, $\frac{176}{192}$.

§. 132.

1) $\frac{45}{80}$, $\frac{70}{80}$, $\frac{40}{80}$.
2) $\frac{108}{288}$, $\frac{128}{288}$, $\frac{216}{288}$.
3) $\frac{672}{1008}$, $\frac{840}{1008}$, $\frac{378}{1008}$, $\frac{576}{1008}$.
4) $\frac{2100}{3780}$, $\frac{3465}{3780}$, $\frac{2268}{3780}$, $\frac{2240}{3780}$.

§. 134.

1) $\frac{16}{24}$, $\frac{18}{24}$, $\frac{20}{24}$, $\frac{21}{24}$.
2) $\frac{28}{32}$, $\frac{6}{32}$, $\frac{7}{32}$.
3) $\frac{96}{144}$, $\frac{80}{144}$, $\frac{9}{144}$, $\frac{84}{144}$, $\frac{114}{144}$.

§. 136.

1) $\frac{2}{3}$.
2) $\frac{1}{2}$.
3 $\frac{7}{16}$.
4) $\frac{71}{88}$.
5) $\frac{3}{4}$.
6) $\frac{19}{47}$.
7) $\frac{26}{81}$.
8) $\frac{4}{11}$.

§. 138.

1) $\frac{25}{100}$ ou $\frac{1}{4}$.
2) $\frac{175}{1000} = \frac{7}{40}$.
3) $\frac{4375}{10000}$ ou $\frac{7}{16}$.
4) $\frac{875}{10000} = \frac{7}{80}$.

Addition des fractions.

§. 141.

1) $2\frac{1}{12}$.
2) $2\frac{3}{4}$.
3) $3\frac{1}{36}$.
4) $1\frac{249}{280}$.
5) $49\frac{12}{24}$.
6) $235\frac{1}{20}$.
7) $99\frac{5}{8}$.

Soustraction des fractions.

§. 147.

1) $\frac{5}{9}$.
2) $\frac{1}{2}$.
3) $\frac{1}{8}$.
4) $\frac{1}{12}$.
5) $27\frac{1}{2}$.
6) $8\frac{3}{8}$.
7) $17\frac{3}{4}$.
8) $25\frac{3}{4}$.
9) $20\frac{5}{6}$.

Multiplication des fractions.

§. 151.

1 $\frac{5}{16}$.
2) $\frac{7}{10}$.
3) $6\frac{3}{4}$.
4) $2\frac{2}{3}$.
5) $6\frac{9}{16}$.
6) $\frac{7}{16}$.
7) $\frac{7}{20}$.
8) $\frac{21}{80}$.
9) $53\frac{8}{21}$.
10) $64\frac{3}{4}$.
11) 64,79.
12) 256,28125.

Division des fractions.

§. 153.

1) $\frac{3}{20}$.
2) $\frac{7}{24}$.
3) $9\frac{1}{3}$.
4) $51\frac{3}{7}$.
5) $\frac{35}{36}$.
6) $\frac{9}{10}$ ou 0,9.
7) $1\frac{11}{12}$.
8) $2\frac{3}{5}$.
9) $12\frac{25}{54}$.
10) $2\frac{85}{164}$.
11) 4,41.
12) 13,714.
13) 0,6.
14) 1,0276.

TABLE DES MATIÈRES.

FIN DE LA PREMIÈRE PARTIE.

www.ingramcontent.com/pod-product-compliance
Ingram Content Group UK Ltd.
Pitfield, Milton Keynes, MK11 3LW, UK
UKHW020920180726
13838UKWH00002B/654